NOT DOING

The Art of Effortless Action

不費力的力量

順勢而為的管理藝術

著—黛安娜・雷納 Diana Renner
史蒂文・杜澤 Steven D'Souza
譯—林金源

獻給安妮卡和西奧，我的孩子，我的靈感來源。

獻給學習、愛和創造。

黛安娜

獻給喬瑟夫・皮斯崔伊：

一位同事、良師兼益友，用實例教導我變得更明智、更深思熟慮，

成為有同理心的人。

史蒂文

國際好評

你是否忙到不知所措？看不出如何從不間斷的壓力和掙扎中脫身？作者已經為你開了處方。不費力，不代表原地休息，讓事情自動發生。相反的，它意味著更大膽、更具啟發性的作法：與局勢的能量合作、和環境協調一致，以最有效的方式善用你有限的資源。試試《不費力的力量》，這或許是你未曾嘗試過最棒的東西。

——丹尼爾・品克（Daniel Pink），《動機，單純的力量》作者

在過度擴張忙亂的世界，黛安娜・雷納和史蒂文・杜澤提醒我們事情有別的出路。《不費力的力量》是動人的感召，力勸我們以有效且能維持的方式採取行動。

——多利・克拉克（Dorie Clark），《你就是創業家》和《脫穎而出》作者

《不費力的力量》是一本有助於將努力程度減至最低的書籍。它鼓勵我們順其自然，讓事情自然發生，而非強求以致。

——強納森・葛斯林（Jonathan Gosling），艾克希特大學領導力榮譽教授
北京中國人民大學哲學院客座教授

本書提供了自我省思與自我質疑的絕佳機會。它刺激你以新的方式多方思考自我，以及你所愛護、關切的其他人。

——安娜・西苗尼（Anna Simioni），波士頓諮詢公司執行董事

《不費力的力量》滋養著智能與心靈。話說個人生活影響工作，我們與工作的關係也影響我們的人際關係。雷納與杜澤假定：「你如何工作，便如何生活。」如果你想兩全其美，你得顛覆自我，並且做得少，而非做得多。

——惠特妮・強森（Whitney Johnson），《破壞者優勢》作者、五十管理思想家、執行與績效教練

如今許多領導者儘管感覺到他們努力工作，卻又說不出有什麼事情不對勁。全球化、

自動化與人工智慧等數位科技，以及找尋獲利成長空間的新資源的壓力，造成許多領導者得更快速地工作，但往往未產生適當的成效。本書承認這些挑戰的存在，並從非直覺的觀點著手處理。書中充滿個案研究、調查與洞察，引導讀者暫停、後退和檢視他們何以過著現在的生活。我要推薦本書給任何一位重踩油門，感覺事情難以為繼的人。

——安德魯・懷特（Andrew White）博士，牛津大學賽德商學院管理教育副院長

忙碌不等同於效能。雷納和杜澤告訴我們別強推無法移動的物體，而要開始藉由「做」得更少，來成就更多事情。

——大衛・柏克斯（David Burkus），《朋友的朋友》和《新管理》作者

本書收錄各種激勵人心的洞見、故事和經驗，對於如何度過美好生活以及賦予我們存在的意義，提供了寶貴的線索。這項最新的圓滿貢獻，出自於雷納與杜澤之間富有創意的合作。

——聖地牙哥・伊尼格斯・德・翁佐諾（Santiago Iniguez de Onzono），IE大學校長

本書真正洞察無為的藝術，引領我踏上精神與實際層面的學習和自省之旅。任何人若想要自我提升、努力達成真正的成功，或是維持真正平衡的生活和持久的快樂，就非讀本書不可。無論你是執行長、企業領導人或者剛踏入職涯，以及所有持續懷抱偉大夢想的人，史蒂文和黛安娜的言語都能引發共鳴。

——蘇・韓里（Sue Henley），CA科技人才培育、教育與多樣化歐洲中東非洲部門總監

當大多數組織的領導者，在複雜到令人不知所措的數位世界、市場和社會裡找尋出路，《不費力的力量》幫助我們簡化與譯解，在追逐「更大利益」的過程中已然遺忘或較少察覺的人類基本特質。我發現我在閱讀本書時深受感動，它融合了現實、詩意以及取材自人們生活、具隱喻性的豐富實例。雷納和杜澤撰寫了一本思想深刻的書，如今成為我的領導團隊的必讀教材。

——拉法・馬利克（Rafat Malik），沙烏地電信公司學院副總裁、院長

本書幫助我們了解生活與工作之間的差別，並教導我們如何在雙方面都獲得進展。

——莉莉・凱利—雷德福（Lily Kelly-Radford）博士，執行發展集團合夥人

在一個看重行動的世界，越來越多的心智與體力活動正在消磨我們的靈魂。黛安娜與史蒂文引導我們進入一個新世界，在那裡我們的心靈和宇宙協調一致，事情的發生變得比較不費力。這無關乎體驗某種神祕現象，或達到某種靈性狀態，而是得以感受深深嵌入我們本質的一種實際存在。藉由閱讀本書，你不僅會發現喜悅與靈感，也會發現在要求日益嚴苛的世界裡，好好過生活和工作的實際辦法。這不僅是我今年最喜愛的一本書，也是改造我長久等待的靈魂的美麗邀約。

——阿爾帕・烏特庫（Alper Utku），歐洲領導力大學校長

《不費力的力量》是極易理解的清楚指南，引導我們透過培養活在當下的態度，達成行動中的流動狀態。它運用源自古代智慧的洞見，經過現代科學的驗證，能應付我們所面臨的複雜挑戰。

——古拉馬巴斯・拉卡（Gulamabbas Lakha），普羅文蒂亞資本有限責任合夥公司執行長

狂亂易變的現代生活方式與職場文化獨厚行動。我們做，故我們在。只是我們有時做得太多，反而忘記自己是誰。在這本見解深刻且富含詩意的書中，雷納和杜澤為

我們區分出順從與刺激人們行動的不同。本書不是邀請我們踏上較少人走的路，而是踏上更有意義的旅程。雷納與杜澤主張，讓這趟旅程變得有意義的，是我們為之創造空間的暫停、觀察、體驗和遭遇，以及我們所跨的步伐和行走的距離。如果你在意你的去向，以及正在思考要如何帶領、或帶領人們到哪兒去，那麼你應該在出發之前讀一讀《不費力的力量》。

——吉昂皮耶洛・佩提格利里（Gianpiero Petriglieri），歐洲工商管理學院組織行為副教授

史蒂文與黛安娜以大多講求實用的商管書中罕見的優美文筆，帶領我們進入人與自然簡單互動的世界，闡述與自然合而為一的能量。從如此的寂靜中，他們幫助我們了解如何辨識和運用這些與生俱來的能量，轉而作為我們理解何時該採取行動、何時該退卻的憑藉。這是穿行於自然、自我以及這股動能所代表的可能性中，不可或缺的判斷依據。經過深思的行動確實與無為緊密相涉，本書將幫助我們掌握箇中智慧。

——喬瑟夫・皮斯崔伊（Joseph Pistrui）博士，IE商學院創業與革新教授

對於在職涯中辛苦工作的人來說，有如吸入一口純氧。這是讓人過著更和諧生活的簡單功課，充滿智慧和難忘的故事。《不費力的力量》易於閱讀和運用，能增進工作與生活之間的平衡和喜悅。

——理查・奧立維耶（Richard Olivier），奧立維耶神話心理劇（Olivier Mythodrama）創辦人《鼓舞人心的領導：享利五世與火之繆斯》作者

《不費力的力量》是引導我們過著更平靜生活的絕佳指南，適合忙碌的企業家、領導者，以及所有想要在這個易變、不確定、複雜且混沌的世界，做出更明智決定的人。

——克莉絲汀・辛（Christine Sim），新加坡 The Entre Club Pte Ltd 東南亞國家聯盟執行長

《不費力的力量》是似非而是的議論：實踐它能幫助我們做得更多更好，帶來更大的喜悅和滿足。

——卡斯巴・塞薩爾（Csaba Császár），匈牙利 OD Partner 公司合夥人

雖然本書標題為不費力，但它絕非是不行動的宣言，而是呼籲我們要經過深思熟慮再採取行動。書中汲取彼得・杜拉克（Peter F. Drucker）對於徒然無功的觀察，以及契克森米哈賴（Mihaly Csikszentmihalyi）的「流動」概念。本書傳達了一個重要訊息，關於面對知識工作中日益成長的數位泰勒主義，人位居其中的重要地位。

——理查・史超伯（Richard Straub），歐洲彼得杜拉克協會會長

要定義最好的領導者，往往是看他們不做哪些事，而非他們做了什麼。《不費力的力量》替新的忙碌病，提供了強效解毒劑，幫助你退一步思考，創造空間讓其他事情加快腳步。

——莉茲・懷斯曼（Liz Wiseman），《乘法領導者》和《聰明菜鳥》作者

推薦序

從古老的中國經典擷取新時代的管理理念

——陳亦純
著名保險人
著有《養得起的未來》《不買保險的 168 個理由》等 31 本著作
現為台大保險經紀人股份有限公司董事長

本書相當適合國人研讀，作者除了提供相當寶貴的西方管理觀念之外，在書中也引用了甚多《道德經》的文句和精神給予我們提示，對企業領導人有一條醍醐灌頂的清涼指引，也提醒有心要走新創之路的年輕群族，不疾不徐、順乎天理人理，從精神上和心靈上取得自省與平衡。

時代激烈變化，ＡＩ科技撕裂數千年來的思維和行動模式，企業經營者的生活模式、生命態度和經營理念一直被顛覆，心情的震盪，隨著趨勢的起伏難以平靜。

在古老的中國經典當中，常提醒我們要「從心而覓」「不憂不懼」，或者是老子所講的「天下之至柔，馳騁天下之至堅」「譬道之在天下，猶川谷之與江海」。

本書為何大量引用《道德經》的文句？

從十六世紀起，老子的《道德經》就被譯成西方文字。借助西方的商船往返和傳教士的足跡，《道德經》逐步由中國傳入歐洲，西方人把《道德經》翻譯成拉丁文、法文、德文、英文……等文字，西方學者把「道德經」三個字翻譯為「道路」（the way）、「德性」（virtue）和「經典」（classic）三個名詞。

《道德經》在西方的影響力甚為深遠。光從一八七〇年第一個德譯本後，《道德經》的德文譯本即多達八十二種，研究老子思想的專著高達七百多種。《道德經》共八十一章，只有五千二百八十四個字，但闡釋的文字超過百萬字，西方如此重視，必有其珍貴之處，我們豈可忽視。

在這本相當罕見、充滿詩意的管理書中套入《道德經》的思想，旨在告知我們，倘若你必須費盡力氣使某件事情發生，那麼也許生命對你另有安排。在不停變動的世界裡，我們更要順勢而為而非對抗潮流，不強硬、不強力控制，借力使力，與阻力合作而非對抗。

「孰能濁以靜之徐清。」停止對抗，像河流從源頭流向海洋，我們展開新的生活、新的行動，找到對我們生命真正重要的東西。

「為無為，則無不治。」正是這本書要給我們的啟示！

Contents

第二部 失調的作為

前言

所有工作動詞都以行動為特性，像是領導、管理、決策、指揮、授權、競爭以及共創。除此之外，領導者還必須保持忙碌，活動的速度和步調已變成地位的象徵：人、公司、國家，如果沒有我便無法運作。生活變成一場競賽——不是成為人上人，便是位居末流，我們像是穿著跑鞋在過日子。

在這種喧囂與憤怒的背景下，雷納和杜澤提出一個具有說服力的替代方案：暫停、思考、呼吸。拿掉努力，以安適的時間代之。他們的論點來得正是時候。每件工業事故的故事，從金融危機到《怒火地平線》（Deepwater Horizon），從倫敦鯨（London Whale）到 Uber，到處充滿了喘不過氣的人，他們長時間匆匆忙忙地，在想要取悅、想要成功和生存的欲望中亂了方寸。

在這樣的脈絡下，許多職場上的忙碌，只是為了展現自己的忙碌而忙碌：從事替代性活動，亦即做容易做的事，而非我們知道應該做的困難事。在某項社會科學實驗中，自願受測者寧可給自己輕微的電擊，也不願枯坐、思考，只是無所事事。

現在我們可以買到電擊手錶，應當為了生活而充電。生活何以能如此忙碌，同時又如此空虛呢？

我們知道人類大腦的演化，不是為了以這種方式運作。縱使電腦可以多工，但人類不行。我們一次只能思考一件事情，當我們的心思迅速往返於不同任務之間，便會失去頭緒。近二十年來人們設法以這種方式工作，我們可以看見那些違反生物學原理的人，久而久之會發現他們記不得自己在做的事、跟誰做、在什麼時候以及為何而做。他們所累積的知識仍然存在，但卻已找不回來。

這種狂熱狀態多半受到恐懼所驅使，而我們的職場顯然充滿害怕的人。他們看見市場的反覆無常、公司的脆弱、同樣害怕的老闆的難以捉摸，努力表現得至少能勝任和順從。即便在充滿最積極員工的組織，也絕不會冒險提出適時警告、或具創造力和破壞力的概念。就連路易斯・卡羅爾（Lewis Carroll，譯注：童話故事《愛麗絲夢遊仙境》的作者）的白兔都承認：「我越是匆忙，越是落後。」

再者，我們也曉得道德思考必須付出昂貴的認知代價。完全想像出結果，弄清楚多種觀點和成本，這需要謹慎、有創意的想像力，無法單憑直覺快速地完成。馭繁化簡會使我們對於原本能知道且應該知道，卻因為行動過於快速而未能覺察的事物視而不見，在這樣的情況下是危險的。

我們已經充分了解這一切對於我們身心和社會健康是不利的，事實也確實如此。杜澤和雷納對此知之甚詳，也知道其結果將影響廣泛：追逐一時的轟動，會造成不幸決策的後遺症。我忘不了我曾經問過某位資深且非常忙碌的主管，在他漫長的職涯中，最令他感到自豪的是什麼事，結果他竟想不起任何一件。

當然，書裡所提到「無為」這個用語是故意語帶挑釁的。因為無為是真正的作為：它存在於當下，是一種反思，讓心漫遊、復原、復得、重新振作。莫要擾亂你的心，它便會為你效勞，與你同在。這感覺起來可能相當違反直覺，讓許多人猶豫不敢嘗試，然而書中充滿讓你找到內心富足的方法和工具。身在這個已開發的世界，我們大多數人都有幸擁有自由，只是還不知道如何加以運用。但我們可以透過學習知道，而且也應該要知道。發現之旅就從這裡起步。

——瑪格麗特．赫弗南（Margaret Heffernan），企業家、執行長暨《微行動引爆團隊力》和《大難時代》作者。

第一部

無為

重要的是流動，而非水——風、動物、鳥、昆蟲、人、季節、氣候、石頭、泥土、顏色之河。

——安迪・高茲渥斯（Andy Goldsworthy），電影《河流與潮汐》

第❶章

萬物的流動

一個孤獨的身影，出現在荒涼結冰的地景上。這人在河流入海處的岩堆間，找到一個地點。儘管他是個乍到加拿大新斯科細亞的外地人，卻已立即投身工作。外面天色猶暗，他似乎在和太陽的溫度競賽，因為不久後太陽即將從地平線下升起。他在零下的低溫工作，折斷岩石上的冰柱後以牙齒修整，又用裸露的雙手溫度融化冰柱，仔細接合定位。一條冰蛇出現在岩石上，朝向天空伸展，以峭壁為背景，在黎明光線下被照亮。

這個人是英國雕塑家安迪・高茲渥斯。「這事是困難的，有時雙手會很冷，我確實起得非常早。所有這一切努力，終究是為了嘗試完成一件不費力的作品。」安迪美麗至極的藝術作品流動著能量和生命力。他利用完全天然的材料創作雕塑——葉子、草、花朵、樹枝、泥巴、雪和石頭。他的作品與創作環境緊密相連且受其影響，觸及該地的核心。那是一種參與式的藝術，創作者倚賴大自然提供給他的素材。安迪的藝術在托瑪斯・雷德爾賽默（Thomas Riedelsheimer）的紀錄片《河流與潮汐》（*Rivers and Tides*）中生動地被描述著。

海與河是安迪作品中最大的影響因素，具有創造力的流動動態，彌漫於他所有創作中。「我第一眼看見的濱灘是被水流所轉動的河與水池。我試著觸碰和理解那種運動，河與海的流動與交會，兩種水體的互動。」他說。

用綠葉和松針縫合在一起的緞帶漂浮於河流上，像一條長蛇，順著水流扭曲翻轉，沒入水裡，再度浮出水面。小小的瀑布隨著用富含鐵質的石頭磨成的顏料變紅，順著河潑濺而下，形成一段與水流的對話。「河流是我遵循的線……這條線穿行而過……但具備與天氣和海相關的循環。」

在安迪與河海的互動中，具有創造力的流動，為他的藝術實踐注入活力。對他而言，藝術是一種滋養的形式。「我需要陸地，我需要它。我想要了解那種狀態，那種我內在擁有，並且也感覺到存在於植物和土地的能量，流經地景的生命能量。」

安迪的創作過程是自省式的。當他與環境合一時，完全能存在於當下，進而傾聽萬物的精髓。石頭會對他說話，栩栩如生且意味深長。他似乎本能地知道，何時該採取行動，何時又該退回。他不凌駕於系統，而是以流動的方式和系統的要素合作，對頃刻間浮現的事物保持開放的心態。對他來說，控制可能帶來作品的死亡。

安迪的某些雕塑作品僅能維持幾秒鐘。對他而言，重要的不是創作持久的本質，而是創造作品的經驗，以及與背景、天氣和現場可利用的素材打交道的過程。「我享受運用雙手和『發現』工具的自由，例如一塊銳利的石頭、一根羽毛管或棘刺。我利用每天提供的機會：如果下雪，我就用雪作為材料；葉落時便使用葉子；被吹倒的樹成為粗細樹枝的來源。我在某個地方停留或拾取材料，因為我覺得總能發現些什麼。這是我可以學習的地方。」

一道大型的乾砌牆，蜿蜒穿越紐約州的風暴國王雕塑公園（Storm King Sculpture Park）草木區。這件雕塑名為「風暴國王牆」，穿梭於林木之間，出了森林，最後抵達一條小河邊。安迪指出，保有動感對於理解這件雕塑作品十分重要：「石頭之河繞行著樹木，這條森林的生長之河……讓我意識到環繞著世界的流動，也就是繞行世界的脈管。」

重構無為

如果世界已不再聽見你，
那麼對著靜默的大地說：我流動。
對著湍急的水，說：我存在。

——萊納・瑪利亞・里爾克（Rainer Maria Rilke），〈獻給奧菲斯的十四行詩 II，29〉

我們活在一個被社會學家齊格蒙・鮑曼（Zygmunt Bauman）描述為「流動的現代性」（liquid modernity）的世界。他主張：「近來的形態與結構不再是『已知的』，更遑論『不證自明』。它們的數量太多了，相互衝突且否定彼此的指令。」應付現代世界的複雜和不確定性是一項挑戰。我們就像漫遊於古代海洋、找尋陸地和珍寶的探險家，面對變化莫測的潮流。職場的現實是流動的、動態的，不停地改變。河流與海洋是這個星球的命脈，但它們可能淹沒、氾濫，甚至造成嚴重的損害。有時我們遭海浪猛擊，有時被肆虐的河水沖刷，它們狂野且難以預測。

我們可能感覺：

儘管我們全力以赴，在工作中卻沒有進展，

很想找尋應急的辦法或者冒然行動。

我們需要掌控，強推自己的議程，

意識到需要快速行動的壓力或急迫感，

被強烈的感覺，例如焦慮或怒氣給淹沒。

過度地忙碌，

埋首於不經心的行動，

導致時間匆忙或用光時間。

迴避事實，

感到精疲力竭、極度勞累，

缺乏喜悅和成就感。

以上都是某種有為的症狀，這些作為，未能與我們所處環境的動態和能量調和。

當我們忽視潮流，掙扎、強迫、抗拒或試圖掌控局面，便可能耗盡我們的健康和幸福，進而為生活的各層面帶來較不利的結果。

當浪濤來襲，使我們精疲力竭；當潮流的巨大拉力使我們迷失方向；當我們感覺到光是保持漂浮，就需要消耗大量力氣，我們很容易想要依附如磐石般安定的河岸。然而，穩固的地面所提供的安全感只是一種假象，我們無法掌控或避免水不停地流動和動力。

我們需要鬆開抓住岸邊的手，與周遭世界的自然能量達到和諧的狀態。為了學習與成長，我們必須臣服於海的洋流、河的流動、潮汐的漲落，利用它們的能量，遵從它們的引導。我們稱之**無為**。

「無為」很自然地讓我們聯想到……

沒有作為

沒有成就

孤寂

被動

無能

失敗
浪費時間
沒有生產力
不被重視
喪失重要性或不相干。

然而，我們的意思並非如此。無為不是源自恐懼、怠惰或猶豫不決的不活躍。在我們看來，無為不等同於被動。無為是一種解藥，矯正我們對於事情該如何完成的狹隘觀點。它既非推也非拉，它是容許和遵隨，而不是對抗。就其本身而言，無為需要較少的能量，以及較多的覺察，以明白我們所處的運作背景。在許多情況下，無為使我們更快速、安全地到達目的地，並獲致持久的成果。拼命完成和更努力工作縱使能產生成果，但我們可能發現，最後卻到達錯誤的目的地，或者一路上造成自己和別人不必要的痛苦和折磨。

安迪的作品說明了自然的潮流如何找到它的平衡。他的藝術並非造景，而是遵循大自然中開放的型態和路徑。沒有對世界的控制、爭鬥和暴力。他允許創作元素，依據土地浮現的情報來布置——背景環境是關鍵。無為遵循著空間的輪廓和潮流的水不只有一個流向。

它有無限的流向，只要能夠，

它會流往任何方向，它是終極的機會主義者，

地球上所有生物都仰賴這個被動、柔順、不確定、

適應性強、易變的元素。

——娥蘇拉・勒瑰恩（Ursula K. Le Guin），〈選舉，老子，一杯水〉

TO PUSH

推送

NOT DOING

無為

TO BE PULLED

被牽引

流動，因此雖然做得少，成果卻十分可觀。

人類遵循著由兔子或野馬預先做好的路徑，進而創造出穿越新領土的通道，從中我們看見了無為的存在。有人甚至說，羅馬人規劃道路不是憑藉他們大量的數學知識，而是任由驢子漫遊翻越山嶺，留下漢賽爾與葛麗特（譯注：格林兄弟所收錄的一個德國童話，故事中兄妹倆沿途拋下小石頭做記號，藉以找到回家的路。）似的沙土痕跡。大自然的潮流會找到自己的路，我們的任務則是跟隨。

對有些人來說，無為似乎是純然的瘋狂。它既不符合主流的成功價值觀，也無法強化關於成就的一般設想。為了在無為的路徑上找到方向，我們往往得先挫挫自己的銳氣，承認事態已然崩解。舊有的做事方式不再可行，這意味著我們處理事情的策略，例如培養耐力，可能不足也無法適用於我們的新環境。當我們不再依附著河岸，我們知道需要放手，來到河中央。

無為要求我們了解涉及其他力量運作下的自我。我們不是在真空中運作，在那裡推動物體的唯一事物是我們的努力。無為是參與、利用我們的環境，並從中獲益的一種方式。我們所需要的是不費力地適應環境，就像河流一路從源頭流入海洋，或者像蛇隨著周遭環境的輪廓而移動身軀。

無為意指投入複雜、相互連結的動態系統中的流動過程。隨著生命能量而流動，關注我們如何生活，以及如何與周遭世界、人們互動。我們可以像冒險家那樣遵循潮流，或像合氣道教練一樣，與阻力合作，使之產生行動效能；並且與水的能量連結，一如河流的看守人。

冒險家——遵循潮流

別推河流，它自行流動。

——貝瑞・史蒂文斯（Barry Stevens），摘自《別推河流》

二〇〇五至二〇一一年間，羅茲・沙維奇（Roz Savage）成為首位單人划船渡越大西洋、太平洋和印度洋三大洋的女性。她的航程約有一萬五千英里，期間划了大約五百萬下的槳，花費超過五百天時間，獨自待在一艘二十三英尺長的划艇上。

二〇一〇年，在橫越太平洋的三段航程中的第二段航程期間，羅茲必須做出一項困難的抉擇：該在夏威夷與大海遠端之間的何處登陸。其中一個選項是吐瓦魯（Tuvalu），全世界第四小的島嶼，位於赤道以南幾度的海域，是前往澳大利亞途中合適的中繼站。第二個選項是位於赤道以北的另一座小島塔拉瓦（Tarawa），隸屬於吉里巴斯共和國。雖然有點偏離航道，但考慮到赤道附近的盛行風和潛在的挑戰，不失為有用的替代方案。起初，羅茲選擇以吐瓦魯為目的地。

當行程變得更為艱辛，疑慮也隨之產生。「到了航程的第四十五天，我穿越赤道以北八度後，不禁開始懷疑我的最初計畫。我似乎讓自己的日子變得過於艱困，但由於接下來還有很長的路程要走，於是我安慰自己，還不到需要做決定的時候。」這種猶豫不決的狀態使人變消極。不只一次，羅茲提早放棄划槳班次，不確定是否應該順風加速，朝西前往塔拉瓦，或者繼續頑強向南，划向吐瓦魯。

到了第五十天，羅茲已經到達赤道以北六度，進入熱帶輻合帶，更常見的名稱是無風帶。這是太平洋的模糊地帶，在水手之間是惡名昭彰的死寂區域，會有突然出現的暴風、雷雨雲和雷暴。該區域和赤道逆流部分重疊，後者如其名稱所示，是一股強大的阻抗洋流，往往能將較輕的物體推回它們所來的方向。「幾乎是來得恰恰好，在赤道以北六度五分，我發現它，或者應該說它找上了我。在五十天的快活南行後，某天早上醒來，我發現一夜之間，我已經被往北推了三英里。」在接下來的三天，羅茲幾乎被這股強勁的逆向洋流一路往北回推了三度。這是她到目前為止所遭遇最嚴重的挫敗。

吐瓦魯或塔拉瓦的選項，因為海水淡化器故障，在第八十六天變成關鍵的抉擇。這是將不能飲用的鹹水轉變成純淡水的寶貴設備，羅茲嘗試修理，但沒有成功。雖然她有幾個星期的供水儲量，但損失了海水淡化器，使她的問題變得更急迫。

在第八十七天，她的氣象員里卡多（Ricardo）告訴她，他有強烈的直覺相信她仍然能成功抵達吐瓦魯，儘管她向南挺進遭遇困難。羅茲可沒這麼有把握。在她向南航行時，他替她擬定了每天東進三英里的目標，讓她有最大的機會到達吐瓦魯。「如果我未能每天達成這個目標，」他說，「我隔天必須向東前進六英里。但這幾乎是不可能的事。我一擺脫赤道逆流，水流就會將我推向西邊。每當我停止划槳，便會在進度上落後。」

羅茲盡力遵從里卡多的指示向東划，但她發現自己幾乎因為這個不可能的任務而癱瘓。每當她停止划槳，便被水流推向西邊。「就像設法在電扶梯上逆向跑步，感到徹底的沮喪。里卡多設定的目標似乎是無法達成的，除非我在剩下來的航程每天划二十四小時，即使這樣也未必能成功。在我內心深處，我知道要到達吐瓦魯是不可能的任務，但部分的我仍抗拒改變心意。那是我指定的目的地，我即將抵達的消息已經在廣播中宣布，當天也預定與政府人員會面，並且安排好替我的船進行補給，而且我期待知道他們多想成為世界上第一個碳中和的國家。」

當晚羅茲睡得不好。船艙又熱又悶，她躺在裡面發癢冒汗，心中翻攪著那個問題。吐瓦魯或塔拉瓦？吐瓦魯或塔拉瓦？艙內變得難以忍受，於是她走到甲板上乘涼。「我望著星星和下沉的月亮，夜晚幫助我平定思緒，並帶給我某種洞察感。我嘆了口氣，心裡已經明白答案是什麼，只是難以對自己承認。」

如果她堅持前往吐瓦魯，將會冒著用光飲用水的極大風險，還可能錯過該座島嶼。她有充足的食物讓她到達塔拉瓦，但在赤道逆流裡的拖延和倒退，已經消耗掉她寶貴的時間。她明白如果勉強前往吐瓦魯，她必須實施限量配給。說來真巧，就在那段航程期間，她正在聽的有聲書——《情緒的驚人力量》（*The Astonishing Power of Emotions*）的作者愛思特・希克斯（Esther Hicks）和傑瑞・希克斯（Jerry Hicks）——給予她全新的洞察力。「你想要的東西不在上游處」這個概念打動了她。「如果你得拼命讓某件事發生，那麼生命對你或許別有安排。這似乎正是我需要的決定性建議。」

羅茲做出抉擇，她將生存擺在首位，決定轉而前往塔拉瓦。現在她需要說服她的團隊，這是正確的決定，因為這意味著修改他們所有的計畫。關於要對她的線上觀眾宣布這項消息，她也感到不安，特別是在如此堅決地宣布她將前往吐瓦魯之後。

「原本一想到這事就讓我不自在，在下了決定以及向關心我的各界傳達訊息後，現在我大大鬆了口氣。先前曾如此費力往南穿越赤道，為了前往塔拉瓦，我必須再穿越一次。我調轉船艏朝向順風方向，不久便飛快前進，享受與自然力量的合作，而非與之對抗。」幾個小時後，羅茲的得力助手妮可發電郵給羅茲，告知她已經重訂了班機並找到住處，她會在四天內先抵達塔拉瓦，為羅茲的到來做準備。「看來一切都明朗了。好幾週以來我第一次放輕鬆，納悶自己為何對於接受容易的選擇，而非困難的選擇如此憂慮。堅持是好事，但太多堅持可能看起來像蠢事。我總會再三檢查，不過，現在我將順流而下當作預設狀態，無論在象徵意義或實際層面上都是如此。」

如同羅茲，如果我們發現自己掙扎著要逆流而上，不妨自問：我們想要做什麼？這樣合乎自然嗎？我們是否強迫自己走上行不通的方向，或採取不管用的辦法？一旦我們停止拼命對抗潮流，新的選項與機會便會清晰浮現。

合氣道教練——行動效能

譬道之在天下，猶川谷之與江海。

——老子，《道德經》

保羅・林登（Paul Linden）修習與教授非暴力的武術合氣道長達四十八年。他是美國俄亥俄州哥倫布市運動中心的創辦人，以及《伸展》（*Reach Out*）和《具體調停》（*Embodied Peacemaking*）二書的作者。對保羅而言，有為與無為之間並無區別，甚至在本質上相連。「合氣道向來是我用來研究運動中的自我本質的實驗室。身為合氣道教練，我知道初學者何時開始了解這門藝術，因為他們通常會喚我過去，一臉困惑地說：『有些地方不對勁。我沒有使力，他卻跌倒了。』我向他們解釋，他們意外地有效動作，就那麼一次正確做出拋擲的動作。」

保羅回想起多年前的一件事，那時他在教授自衛課程。其中一名女性學員是家中曾遭入侵的受害者，差點被勒死。她問保羅他們是否能學習落難時可運用的自衛動作。但當保羅開始勒住她時，她的本能發揮作用，在近似恍惚的狀態下，迅速反守為攻。她的動作激發保羅本身精熟的合氣道動作反應，保羅向上跳躍，翻身越過那名女子。「在那當下，我感覺到動作從我身上自動發出，我不是實際在做這動作。我沒有這個打算，也不是有意識地決定去做。我確實沒有任何一絲過度努力或使勁。這動作感覺輕巧、不受拘束和放鬆。我認為所謂無為是某種程度的效率，這種效率遠遠超乎任何一般行動方式，感覺彷彿你雖然沒有做任何事，但所需要的一切都透過你自身展現出來。」

對保羅而言，行動的效能超乎肉體層面，進而深入生活中的認知與情感層面。保羅回想高中和大學時期的成績，他說那時他不知道如何有效用功。然而進了研究所後，情況就徹底改變。「我記得我在準備研究計畫的第一天，我坐在課堂上，聽到第一項作業後，我馬上就到圖書館做功課。那是四十年前的事，但我還記得我用力投入第一項閱讀作業時所感受到的驚慌。我開始閱讀，兩分鐘後氣餒地發現我已經忘記第一頁的內容。我的第一個念頭是，離開學校八年期間，我的腦袋已經變成一團漿糊。但我的內心還是有個聲音大聲說著：『別擔心！繼續讀下去。』於是我接著研讀，雖然同樣還是記不住，卻感覺一切總有辦法成功。」

幾週之後，保羅走進教室才發現，在上個星期他得流感缺席的期間，已經排定了一場大考。他以為他會因為沒有做準備而考砸。然而，卻驚訝地發現當他在看第一道問題時，以前讀過的所有相關內容全都迅速回到腦中，其清晰準確的程度是他以往所不曾體驗過的。同樣的狀況也發生在其他試題。等考試成績揭曉，他獲得近滿分的分數。

「起初我感到不解，但一經細想，我開始明白發生了什麼事。我了解到我用修習合氣道的專心程度在用功讀書。」這與防禦群體的攻擊有關，你必須以非常特別的方式保持注意力。你得心平氣和、頭腦清醒，將你的注意力安於內而專於外。面對混亂的情勢，還能快速的將一切細節盡收眼底，有效地決定下一步行動。你得先將其中一位攻擊者撂倒在地，接下來移向另一位，同時眼觀八方，留意著整群人，並查看確認第一位攻擊者沒有再起身。這便是保羅用功時的心理狀態，保持必要時間的專注，然後再將注意力移轉到接下來要研讀的功課。

相同的行動效能，展現在保羅生活中的各種情境。他從合氣道學會了如何放鬆、進入攻擊者的活動範圍，以及借力使力，而非與之對抗的原理。在更高的層次上，他發現力量與仁心必須保持平衡且合為一體，才能運作良好。他表示將這些原理從身體格鬥轉化到言語和人際間的爭鬥，通常不是修習合氣道要處理的事。那是他的武術訓練、本能與其他經驗匯合之處。

從合氣道獲得的洞見讓保羅了解到，無為是「效能的根本形式，給人的感受是自在、平衡、流暢、溫和的力量與流動。我們平常體驗到的作為稱為費力嘗試。費力嘗試就像拉起手煞車開車一樣，使身心遲鈍和缺乏彈性。我們將作為與我們克服自我抗拒的努力連結在一起。在這種效能下，當內在的抗拒被消除，我們的作為感也會跟著消失。」

河流看守人——與自然能量相通

河流是改變。河水改變它的名字，之後是存在。小徑切開了稱作無路的公園。

——艾瑪・塞德拉克（Emma Sedlak），〈生命地圖〉，《微小的間隙所餘》

尼爾・史賓塞（Neil Spencer）從小就喜歡河流、樹木和英國南部新森林（New Forest）的曠野。他在溪流裡度過許多愉快的夏日時光，翻找石頭，追逐、網撈鮌魚和捕捉小河鱒。「在我青少年時期，每當有人問我長大後要做什麼，我會回答我想要當河流看守人。我的老師們卻說：『噢，你太聰明了，不該只當個河流看守人，你何不接受訓練，當個工程師？』我的職業方向就這樣被選定。許多年之後，我才明白我應該忽視老師們的建議。」

尼爾發現自己在不開心的工作處境中掙扎，想知道如何再造自己的人生，這時重返河流的機會欣然降臨。在距離尼爾住處不遠的地方，有一條美麗平靜的托河（River Taw）。托河起源自達特穆爾（Dartmoor），流經德文郡的農田和樹木繁茂的谷地，在拜德福德（Bideford）出海。

「我挑戰自己，去親近、認識這條棲息著大量翠鳥、水獺和野生棕鱒的河流。在歷經一切憂慮和掙扎後，我發現事情其實很簡單，只要放下舊包袱，新的機會和門路便會出現。等待了許多年之後，我終於成為我一直想當的河流看守人。」

「回到河邊後，我一直急切想與我喜愛的地方重新連結。接下來的幾年間，我嘗試培養出不匆忙的習性，不像初抵時的急躁。我會至少花十分鐘坐著靜靜觀察這條河，還有附近的土地，我完全明白這條河當下的特性。我測量它的深度，知道它的深度會逐日變化，同時我也會留意河水的顏色。這條河起源於達特穆爾，接納許多匯流進來的小溪，以及從高沼地上排出的降雨。河流的顏色會改變，在炎熱的盛夏，河水清澈透明，而在高沼地下過雨後，它會吸收奇妙的泥炭顏色。當河水氾濫時，它又會變成深棕色，因為裡面充滿從陸地上沖刷而來的珍貴表土沉積物。」

「當我坐看這個相互關聯的複雜系統，總會被河流的能量和韻律給感動。它絕非只是流向海洋的水。它不是扁平無生命力的景觀，而是一頭有脈搏、活生生、會移動的野生動物，以簡單的美連接起陸地和天空的汪汪廊道。」

「人與野地的共鳴是難以用言語傳達的，其能量和神祕必須親自體驗。它的形狀和影響能在內心深處被感受。當我站在河中時，我能打從心底感覺到一種強烈的意識。我接納所有的線索，在微妙之處感受到『力場』，我完全沉浸於當下，沉浸在周遭景觀和野地中。目的並不存在，除了活在這一瞬間，與河流相伴。當作用發生，一切都慢了下來，我進到一個不同且更深邃的境界。」

「當我站在水深及腰的河中，水流在我身旁沖刷。我察覺到我的立足處與平衡的關係。在等待時，我的注意力寂然靜止。這些特別的時刻具有獨特的冥想效果。我意識到我的呼吸，我的內心飽滿，感覺我與河流能量以及結合其自然力的生命網絡，形成深刻的連結。」

「河流教導我們的是大自然在當家做主，它強大有力，但同時也是脆弱的。當大西洋的暴風雨橫掃英國西南部，時間延長的大雨降在高沼地。沼地上的泥沼吸飽了雨水，在飽和的泥炭中儲存了大量水分。一旦這些沼澤「海綿」吸滿水，雨水便從高沼地流進河流系統，帶來高能量的奔流，往下沖擊整個流域。有時這股力量如此巨大，會沖走成噸的表土，重新塑造河道。」

「照顧這條河提醒著我，我並沒有跟自然疏離。這條河是連結我在世間的工作、我在自然界的定位，以及我個人生命旅程的地方。雖然照顧河流有時非常消耗體力，但絕不會教人感到掙扎，因為它本質上是一件心靈的工作。」

尼爾邀請我們體會萬物如何相連和滋養這股流動。我們可以從河流的作為學到東西，當沉積物妨礙了流動時，河流會改道，找到繞行的路，從障礙物周圍滑過。河流遵循從源頭到出口最有效率的途徑，無為則使我們能找到路徑，穿越生命中看似不可能通過的地形。河流毫不費勁地運載物品，是它的能量改變了地貌。當我們在生活中應付個人和工作上的挑戰時，有許多事情可以向河流學習。

如果無為具有價值，如同安迪、羅茲、保羅和尼爾的故事，那麼究竟是什麼構成了阻礙？我們接著就來探討這個部分。

第二部 失調的作為

允許自己因諸多矛盾的憂慮而無法自持，
耽溺於過多的需求，
對太多的計畫做出承諾，
想要幫助每個人和每件事，
就是屈服於暴力。

——托馬斯・默頓（Thomas Merton），《一位內疚旁觀者的推測》

失調

持而盈之，不如其已。

—— 老子，《道德經》

第❷章

執迷的作為

當阿拉斯泰爾（Alastair）走進精神病醫師阿齊塔．莫拉迪（Azita Moradi）的診間，宛如一顆滴答作響的定時炸彈。他酒喝得很兇，酒精數值隨時會飆高，就像他的血壓、體重和焦慮感。四十七歲的阿拉斯泰爾是一名成功富有的執行長，掌管某家澳洲大型企業。他住在墨爾本的富裕市郊，已婚且育有兩個兒子。他的事業非常成功，成功到快要了他的命。

阿拉斯泰爾從小便誓言要脫離貧窮。自從父親被裁員後，酒精就成為他家裡的第四位成員。「我絕不要像我爸那樣，」他自忖，「我要出人頭地。」某天學校舉辦進城的遠足，阿拉斯泰爾看見了成功的典範——街道上西裝筆挺、跨著大步果斷行進的男人。他們保持專注、目光銳利，走路時充滿自信，這正是他想要變成的樣子。兩年後，阿拉斯泰爾的父親病倒後被送進醫院，最後死於酒精中毒。在父親過世後的幾個月當中，阿拉斯泰爾從悲傷轉為堅定和憤怒。

雖然被逼著得成功，阿拉斯泰爾仍盡力善待別人。他在十七、八歲就開始待的公司裡不斷晉升，從實習生升到主管，到了四十歲成為公司執行長。表面上看來，阿拉斯泰爾的人生是個成功的故事。可是就個人而言，他無法撼動內心自認是假貨的感覺。他覺得自己配不上他的地位、財富以及同事們對他展現的敬意。

阿拉斯泰爾在他的工作生涯中，總不時感覺到貧窮在他背脊上引發的寒意。他越來越努力工作，想要擺脫那陣冷風。他時常以為他已經將恐懼拋在腦後，一旦他開始覺得舒適，恐懼的感覺便會立即襲來。因此他會拉長工作時數，擔負更多責任，每天工作長達十六個小時，往往到了半夜兩點還在使用筆電。

他的妻子不只抱怨他在凌晨工作，還抱怨再這樣下去會失去他。「你冒著心臟病發作的風險在工作！」她每星期至少叨念一次。這對年輕夫婦曾承諾要永遠傾聽彼此和相互扶持。每當他焦慮感加劇時，唯一能夠抑制恐懼的只有酒精。酒精撫慰他，讓他能在社交場合中放鬆，接連幾個小時安定他如倉鼠輪般轉動奔亂的心，但這也使他與家人更加疏離。「這種情況只是暫時的，」他一再向家人保證，「等到改組結束，我會休假去，停止這麼辛苦的工作。」

睡眠不足、吃太多速食，以及為了設法處理他的焦慮和抑鬱，阿拉斯泰爾每晚喝掉多達十杯酒。沒有時間運動、每天從早上六點到晚上十點坐在辦公桌前或車子裡；還有和妻子吵架、在家人身上發洩焦慮和疲憊，他種種的生活方式，正在引發一場完美的風暴。

某個下著寒雨的星期四夜裡，阿拉斯泰爾在晚上十一點回到空蕩蕩的家。燈沒有開著，妻子的汽車不在車庫裡，兒子們的床是空的。他打開他們的櫥櫃和抽屜，結果發現更多的空虛。他大口吸氣，跑進他和妻子的臥房。床空著，她的大衣櫥也空了。她甚至帶走食櫥裡大部分的食物。他從早上六點就離開家門，所以她有大把時間將房子清空。

阿拉斯泰爾說到當晚震波傳遍他全身，彷彿發生地震之後的震顫。只睡了三個小時後，他被設定在五點鐘響起的鬧鐘喚醒。改組正處於關鍵階段，他記得他這麼想：「我沒時間處理這件事，我必須為早上的會議做準備。我只能等到明天再來處理這件事，或者到了週末我有空檔的時候。」

週末來了又去，阿拉斯泰爾喝下超過四瓶的酒。他沒有打電話給妻子。阿拉斯泰爾在星期一的早晨醒來時感覺胸口緊縮，彷彿胸腔被繩索捆綁。他無法好好呼吸，心臟不穩定地跳動，彷彿妻子就在身旁，對著他說：「你總有一天會心臟病發作！」雙手發抖、冒汗的阿拉斯泰爾趕緊打電話叫救護車，害怕他們不能及時到達。到了醫院，醫師告訴他，他是恐慌發作。沒錯，他體重過重、喝太多酒、工作太辛苦，但那「只是恐慌發作。」

儘管有醫生的一再保證，阿拉斯泰爾仍然感覺胸口緊悶，害怕到不敢踏出家門。「萬一我在上班時或在車子裡心臟病發作呢？」他想，「他們會來得夠快嗎？如果待在家裡，我至少可以叫救護車。」他打電話到辦公室，通知同事他得了流行性感

「我醒來感到害怕。」

「我只是想辦法要度過每一天。」

「我身體有座即將要爆裂的水壩。」

「持續不斷的空虛。」

「我已瀕臨崩潰點。」

「我憑藉我的指甲，憑藉一條線緊緊抓住，勉強撐著。」

「我感覺像一顆吹太飽的氣球，最終要脹破。你一壓它，它就會爆裂。」

「我從骨子裡感覺到深深的疲憊。」

「我陷在泥沼中，越是掙扎，就陷得越深。」

「我感覺被一噸的磚頭擊中。」

「克服重重困難。」

「卯足勁全力以赴。」

「我手忙腳亂。」

「我的精力被榨乾。」

「我頭暈眼花。」

「我的腸胃在翻騰。」

「我被擊倒在地。」

「不同步。」

「感覺緊繃。」

「被壓垮。」

「今天早上絕望衝擊著我。」

冒，無法去上班。那是阿拉斯泰爾有史以來第一次請假。

過了兩週，阿拉斯泰爾仍然待在家裡，迴避公司的詢問，並宣稱他感染了肺炎。他的失眠變得非常嚴重，接連三天夜不成眠，而且思緒不受控地奔竄。每當想到工作，他的心臟就會怦怦直跳、胸口緊縮，臉部和雙手冒出冷汗。每當聽見筆電傳來電子郵件通知聲，他便想要奪門而出，逃離房間。

阿拉斯泰爾終於承認，他的恐慌症狀與思慮工作之間有直接的關聯。他知道他需要幫助，於是去找家庭醫師。家庭醫師開給他安眠藥，並將他轉介給莫拉迪醫師，尋求心理協助，這時阿拉斯泰爾才開始平復他內心的風暴。「這位男士帶著深鎖的眉頭走進我的診間。他有臨床上的肥胖問題、大量冒汗，而且擔心自己就快要死掉。他因為害怕貧窮而追求事業的成功，卻缺乏明確的目標或看得見的終點。」莫拉迪醫師表示。

那個決定命運的星期一早晨，阿拉斯泰爾的恐慌首度發作，他早已決定要解雇幾名員工。光是改組固然已造成壓力，但終究是歷史的重演絆倒了他。阿拉斯泰爾沒有察覺到在他潛意識裡上演的默劇，他感覺是他毀掉這些員工的人生，就像那個不知名的執行長在解雇他的父親時，也毀掉了父親的人生。他得為造成他兒時曾經歷過的相同苦難負責。

「在他接受肥胖和高血壓治療的同時，阿拉斯泰爾和我設法明瞭，潛藏在他的行為與成功欲望背後的心理因素。他開始重新定義他的成功願景，以及有別於工作、財富和成就的自我價值感。從前他以為導致家庭破碎的原因是貧窮，但後來他明白了事情遠比這個複雜。」莫拉迪醫師說。經過數個月之後，他消除了早期經驗的影響，了解他最在意的是家庭團結與和睦，而非財富、事業成功或擁有豪宅。他知道如何關注重要的事，並停止執迷於幾乎全由恐懼所驅使的作為。

瘋狂忙碌

忙碌的蜜蜂沒有時間悲傷。

——據說出自威廉・布雷克（William Blake）

海克・布魯赫（Heike Bruch）和蘇曼查・戈沙爾（Sumantra Ghoshal）在兩人合寫的書《行動導向》（*A Bias for Action*）中，描述了一種他們稱之為狂熱者（The Frenzied）的經理人類型。他們認為百分之四十的經理人因為每天耍弄的大量任務而分心，他們被動做出回應，並非前瞻未來。他們從一個會議轉往另一個會議，關切眼前短期的營運任務，而不是長期的戰略任務。這些經理人極有活力，但專注力非常不足，在別人看來狂熱、拼命且匆忙。

工作過度和忙碌的病狀有種種表現方式。忙碌可能干擾我們的工作，使我們無法將工作做好。如果我們瘋狂忙碌，還可能因為沒有彈性的時間，限制住浮現新想法的可能性。過度忙碌會造成不良後果，讓人精疲力竭、缺乏效能、帶來錯誤和可能產生的絕望。

◆

黛安娜：研究和撰寫本書一開始是件忙碌的工作。有鑑於這項計畫的本質和精神，說來挺諷刺的！我周旋於家庭、工作和寫作的承諾之間，往往得在日出之前與提供素材的人進行訪談，一直工作到深夜；還有在會議與會議之間的空檔進行研究，不停地思考這本書。這是一個無止盡的工作流程，讓人感受到壓力、難以專注，還造成焦慮。我覺得要做的事情太多，但時間太少。跟著孩子去遊樂場那天，我坐在一旁，腿上擺著筆電，他們則和爸爸一起戲水，那時我明白我必須改變與這本書的關係。忙碌正在吸走工作的樂趣，使它變得單調乏味。

◆

阿拉斯泰爾的故事說明了我們與工作的失調關係中的核心挑戰。他的故事並不獨特。我們訪談的其他人也有類似的故事，他們因為工作過度而導致個人危機和身心俱疲。

傑夫・孟達爾（Geoff Mendal）是矽谷成功的傑出軟體工程經理，以其深厚的技術而聞名，在包括 Google 這類有聲望的公司擔任過一連串重要職位。然而，他的成功終究讓他付出代價。他領悟到他無法擁有親密關係。每當他試著與某人建立持久的關係，結果總是一敗塗地。除了工作，他享受不了任何東西。他周遊世界，卻完全沒見識到世界。他不度假，事實上，他經常以居高不下的積假天數為豪。

在三十五年不間斷地工作之後，傑夫終於身心俱疲。就經濟層面而言，他知道他可以輕鬆退休，但接下來要做什麼？「一想到這事，我整個背脊就開始發涼。伴隨而來的身心透支問題，是可能會在毫無症狀的情況下突然發作的心臟病。我的心臟病科醫師說我是他最年輕的病人之一，而且需要裝設兩根支架，而非平常的一根，因為我兩處血管的阻塞率達到百分之九十九。」

歷經數十年的過勞，來自澳大利亞新南威爾斯的指導員和團體引導師瑪姬・布勞恩斯坦（Margie Braunstein），在五十來歲時也面臨到半崩潰狀態，在此之前她並未意識到她的生活方式正在促成危險的後果。她已經達到全然洩氣的狀態、完全缺乏活力，此後才考慮要慢下腳步或休息。「只有到了那時候，我才會停下來，時常還伴隨著我怎麼如此懶散的某種羞愧感。停下來意味著歪倒在沙發上、手裡拿著葡萄酒杯、手機開靜音、碗裡裝著最喜愛的撫慰食物、盡力規劃需要做的事情，例如做家事、連絡我的伴侶或打電話給媽媽，接下來便讓自己消融進喧鬧模糊的電視畫面中。做完這套不需要動腦的固定例行公事後，我最終倒在床上，忍受睡眠品質從尚可到很差的夜晚。等到隔天，帶著稍稍不愉快的感覺、朦朧的腦袋和低落的自尊，把所有的事情再重做一遍。」後來在某天早上，瑪姬收到她所稱的「喬裝成意外的真正贈禮」。

「我醒來時察覺身體出現以往不曾發生過的反應。我全身有強烈的抽痛和腫脹感，在手指、手腕、髖關節、踝關節和雙足部位尤其疼痛。即便我從沒有過這種感覺，但我立即知道它們是什麼……關節炎。我對於身體頗有認識，所以我知道原因。是發炎。」瑪姬明白她用糖和酒精來自我慰藉，麻痺伴隨過勞而來的崩潰感。她的身體再也承受不了任何壓力。她已經到達臨界點，為了試圖應付新陳代謝問題，她的免疫系統引起發炎反應，藉以減輕負荷。

那時瑪姬才醒悟到她的真實處境。「所以我才會變成那樣，在自己造成的疼痛中，其實我有抉擇的機會：我可以將這種情況變成憾事和更多壓力，繼續過原來的生活，再用藥物治療這些症狀，試著強迫我的身體做改變；或者我也可以將這個疼痛的禮物視為一記警鐘。」危機促使她開始照顧自己。她戒絕糖和酒精，上陰瑜伽課，慢慢鬆開嘗試和逼迫，轉而專注於活在當下，感受喜悅和感恩。

有時我們並不真正了解我們與工作的失調關係，直到身體發出要我們停下來的明確訊息。身心透支的症狀包括長期的壓迫感、持續的疲勞、情感枯竭以及喪失自我感。這些症狀導致我們的身心以倖存模式運作，最終停擺罷工。

許多人雖然不會走到像阿拉斯泰爾、傑夫或瑪姬這樣的極端狀況，但大多數人多少都能在自己的生活中辨認出他們故事中的要素。與工作的失調關係似乎變得日益常見。我們的日子被過度安排，也被過度的忙碌所支配。我們努力工作，以勾除待辦清單中的事項，卻不曾看清事情的真相。如此可能造成永久的不滿足，因為總有另一件事等著要辦。如果這種習慣不受約束，我們便可能落入過勞的陷阱，在向下的螺旋中消耗殆盡，並且給生活帶來負面後果。

「我已經連續工作三個小時，其間被打斷了無數次，因為被要求去處理事情或回答詢問。我很難只專注於一件事。」

「我常常只是呆望著龐大的工作量，無法排定出工作清單上的優先順序，因為焦慮而感到動彈不得。其他時候，我只感覺麻木，似乎對一切漠不關心。」

「每次的勝利都有苦澀的後遺症，因為我太累了，累到不想慶祝，只想接著去完成清單上的下一個任務。我容易煩躁，相處起來也不怎麼有趣。」

「我上班時，總是低著頭工作。當某位同事靠近時，我說：『我正在忙，待會兒再看。』我設法專心工作，事實上我終於明白，我在做的事，是創造出一大堆任務。」

心＋亡

「我在不同任務之間切換，因此很少獲得完成任何一件事的滿足感。」

「昨天深夜做完工作，累到無法做飯，在回家的路上抓了太多外帶食物。我使勁地放鬆，因為我腦中的齒輪還持續在運轉。要入睡似乎不可能，所以我看了點電視。今天早上我看著鏡子裡的自己，明白我的感覺全然就像我鏡中的模樣。我大口喝下第二杯咖啡，再三查看我的電子郵件。看著本週行事曆，我感到驚慌，不管我如何趕工，積壓的事項仍舊變得更長。所以我跳過冥想練習，抓起咖啡和甜甜圈去上班。」

「『抱歉，我現在沒辦法參加，或許下一次吧。』我用客氣誠懇的聲音說。我忍不住想要收集我曾給過的承諾，但最終還是變成八爪章魚。」

「我身旁的每個人都在趕工，沒有時間閒聊，全都孤立地在處理各自的難題。」

「就像有兩隻猴子坐在我肩膀上，爭吵著今天我要做什麼。其中一隻極其放鬆，告訴我要把握每一刻，帶給我長期的快樂。另一隻比較像警察，會對著我的良心說話，數著我待辦事項清單上的勾核記號。好日子裡，放鬆的猴子會佔上風。在平常的日子，十次之中或許有八次，是警察猴子佔上風。」

「結果有一天，我那結果取向的破壞者悄悄找上我。我的本意是想要調整好步伐，卻不停落入這個盡可能用許多待辦事項，創造出非常忙碌的行程表的慣性。」

「我得承認，要停止如此辛苦工作是一件需要勇氣的事情，即使部分的我並不想停下來。我想這正是為什麼人們會稱之為上癮。努力工作的感覺真好，直到再也沒有舒服的感覺為止。」

以時鐘為鎖

當事情發生得太快，沒有人能確信任何事，完全不能，甚至無法確信自己。

——米蘭・昆德拉（Milan Kundera），《緩慢》

如果我們被滴答作響的時鐘控制，會發生什麼事？英國的無政府主義組織者妮可・渥斯柏（Nicole Vosper）在她的自傳部落格「時鐘作為枷鎖」（Clock as Lock）中，探討時間與生產力的關係。妮可描述，執迷於工作與規劃，是如何讓她行走於暗路之中。身為從事組織工作的運動人士，她的自我價值取決於她如何像選戰機器一樣拼命。不過她不是為了積攢財物而工作，而是受到工作等於價值的信仰所驅使。她執迷於不想浪費任何時間，因此沒辦法得到充分的休息。如果有人開會遲到，她便會生氣。她越是努力工作，越是對別人造成的妨礙感到挫折。

我們與時間的交易關係究竟從何而來？以往農業文化順應著自然的節奏，日出而作，日落而息，但電力的發明和工業革命的到來，改變了我們的工作型態。於是生產力不再侷限於白晝和自然世界，時間也轉而成為用來生產財富的資源。

十九世紀期間鐵路的引進，立下了時間的結構和一致性，並帶來時刻表。時間被量化，人們開始計時工作。涉及工作場所的時間概念變得嚴格和缺乏彈性，時鐘的功用就像一把鎖，與工廠牆壁的空間限制相結合。如今許多受制於辦公室的知識工作者處境並沒有更好，他們在辦公桌前吃午餐、遲遲下班，為了保持領先而不請他們有權休的假。

我們與時間的關係由擁有時間的人來決定。當我們為之工作的組織掌控了我們的時間，它就變成代理與控制的問題。於是時間不再是我們自己的，而是被預訂的。我們成為受截止期限、行事曆和待辦事項清單支配的對象。我們會說，「我們開會一個小時。」而不是「我們花費所需的時間開會來解決這個問題。」我們所達成的工作量是由時間來定義，而非需要完成的事情。然而，某些類型的工作，例如建立關係、合作和創新，需要一定的時間來完成，無法倉促行事。

以時鐘為鎖的概念也存在於我們的休閒活動。我們可以在高速旅遊團的習慣中看見它：例如參觀羅浮宮只限一個小時，於是大家迅速地衝去看《蒙娜麗莎》，而不是細細體驗周遭藝術品所形成的氛圍。「我們有十天時間來『處理』歐洲」是可怕的想法。由於倉促完事，我們榨光了自動自發以及讓經驗滿溢的可能性。我們看見風景，但無法讓這地方感染和改變我們。

◆

史蒂文：當我們撰寫這本書的時候，我們注意到截稿期限不斷逼近，為了準時交稿，我們得比預期更加專心寫作。其中一個反應就是製作時程表和增加產量。

緊接著，我呆住了。我覺得我不能更快了，還感覺被任務的龐大和需要做的事情給淹沒。需要更快這個想法讓我停下來。說來矛盾，我對這件事的部分認識是，如果我想要更快，我必須學著讓自己慢下來。我決定度幾天假，找到從我自身能量衍生出的寫作節奏，而不是每天寫出固定數量的文字。這樣慢下來的結果是，我反而比以前更有生產力。我們如何能更快地達成目標，而不會因為必須快速而出軌？

「時間不曾慢下來，我總是趕不上。」

「每天都有緊急情況。」

「我在白白浪費力氣。」

「從一件事跳到另一件。」

「我記不得上星期做的事，日子模模糊糊一過即逝。」

「我無法思考緊接而來的任務以外的事。我不停地衝刺和抄捷徑。」

「快速交付、快速受歡迎的壓力。」

「時間緊湊，步調狂亂。」

「『你多快能辦好這件事？』很多人一定常聽見這樣的話。」

「我們似乎卡在快速前進這個問題上。」

「這是一個步調快到不行的世界。」

「我在做的似乎全都是給出回應和幫忙滅火。」

「被無止境的截止期限包圍。」

無趣的急迫

當我追逐我以為我想要的東西，
我的日子是一座壓力和焦慮的火爐。

——據說出自魯米（Rumi，譯注：十三世紀的波斯詩人）

我們活在一個訴求搞定事情的世界。我們重視快速採取行動和解決問題，並因此獲得獎賞。「好的經理人崇尚行動」的概念因為湯姆・畢德士（Tom Peters）一九八二年的書《追求卓越》（*In Search of Excellence*）而普及，他視之為靈活的公司的識別特徵。過去三十五年來，畢德士的真言瀰漫於我們的組織。像亞馬遜之類的公司，莫不宣揚以行動速度作為關鍵的領導原則，由諸如以下的陳述加以闡明：「速度是生意的王道。許多決策和行動是可逆的，毋需進行廣泛的研究。我們重視經過計算的風險承擔。」成為該公司網站的號召。

是什麼妨礙我們慢下來好好思考？「如果我沒有跟上，我會像路死動物般被拋到後面。」瑪麗（化名）表示，她是某家大型銀行的領導與發展專家。「在我們的文化中，加快速度是生存的唯一法則。」她說。瑪麗認為越來越多的資訊量，創造出將資訊化為行動，再加以利用的無止境衝動。「我感覺自己被需要回應的資訊量給淹沒，即使它的分享只是供作參考，我卻覺得有責任對它做些什麼事。」

即使瑪麗留意篩選她傳給團隊的資訊，但她仍然得處理送到她這裡的未過濾資訊。「這有相干嗎？我需要回應什麼？人們總覺得他們需要回應一切，而且是馬上！複製給五個人的五封不同的電子郵件以指數方式倍增。人們沒有意識到在這種系統中，發送電郵所產生的額外工作量。」

每次在考慮是否要回應時，瑪麗都感到強烈的不適。她知道如果你沒被看見做些什麼事，你便是隱形的，而花費時間做出反應得付出代價。「如果擱置某件事情一天，便會有決策在這段時間內產生。有人已經先下手為強，而我卻被拋到後頭。」當瑪麗被要求在兩天之內做決定，卻已有別人代表她在這個要求出現的幾個小時後做了回應。「他們到底懂不懂『兩天之內』的意思？」她頗感挫折地說道。如果她沒有立即回應要求，這些要求往往會上報到她的經理那裡。「先前我參加了一場兩小時的會議，我沒看見這項訊息，要我如何回應？我沒辦法在開會的同時，還留意我的電子郵件，並且以合適的方式做出回應。這樣誰能有空間或時間思考、仔細衡量、整理出頭緒，然後提供另一種觀點呢？」

倚賴行動是職場裡廣為認可的反應。我們對於決斷力的欣賞源自軍事領域，在那裡分秒之間就得做出攸關生死的決定。在**做就對了**的鼓勵下，我們往往重視行動勝過智慧，視行動為能幹者的標誌。行動使我們覺得有事情被完成，它給予我們和周遭的人一種我們有所進展，正朝著某個解決方案前進的安心假象。然而我們需要的通常不是採取倉促的行動，來處理我們所面臨的複雜挑戰。解決問題的壓力，可能導致我們太快付諸行動，而非經過適當的深思熟慮、分析，探索可能的解釋和介入方式。

一如我們在《為什麼思考強者總愛「不知道」？》（Not Knowing）中所描述的，快速行動是我們不確定地面對焦慮，最常見的防禦反應之一。正是因為我們與未知事物的惱人關係，導致我們加快速度和遽然採取行動，沒有花時間好好思考。在面對如此強烈的情緒和感覺時，我們傾向於「抓住安全感……取得一些根據地。」佛教導師佩瑪・丘卓（Pema Chödrön）在《生命如此美麗：在逆境中安頓身心》（*Living Beautifully: with Uncertainty and Change*）如是說。在瑪麗團隊的例子裡，這種安全感改由匆促按下電子郵件的寄信鍵，回應某個要求的滿足感來提供。

行動的速度往往變成一種失調的行為，誘使我們沒有考慮到後果，便太早冒然投入。我們有多少次在根本還不了解問題之前，就遽下結論或採取行動？我們有多少次發現自己在還沒完全聽明白問題是什麼之前，就給出建議？瑪麗多次嘗試讓事情慢下來，不要那麼快做出反應，但每次都付出巨大付價——她發現有人已經代表她做出決定，或者完全繞過她做決策。一旦因為倉促或缺乏準備而做出錯誤決定，後果卻是她得留下來收爛攤子。因此，瑪麗感覺別無選擇，只能順從她所屬文化裡的潛規則。她順從體制，使同樣的模式長存。她的選項是明擺著：如果不跟大家一樣，就會冒著受傷害的風險。無論是哪種，她都覺得無力控制她的工作，以及如何加以回應。這是她正面臨的情況。

由於工作量和可用來完成工作的時間，我們與作為的失調關係變得更加惡化。及早回應的壓力——決策時的一種重要競賽形式，意味著人們重視反應的速度更甚於品質。我們可以看出速度的壓力，呈現在工作量除以時間等於速度的關係上。如果我們有固定份量的工作，但可使用的時間減少，那麼我們用來完成工作的速度就得增加。

$$\frac{\text{工作量}}{\text{可用的時間}} = \text{工作速度}$$

此外，被打斷的工作讓我們額外付出更多精力。從睡眠狀態進到全力工作，需要許多加速的過程。這種加速不僅對職場造成負面結果，也對我們的人際關係產生不良影響。在《渡越未知之海》中，大衛・懷特（David Whyte）認為，以速度來回應工作生活中的複雜問題，最大的悲劇，在於我們會無法認可不是以相同速度和我們並進的任何事物。其風險，是我們會變得與所愛的事物疏離，「我們將它們商品化，使之進入我們機械化且模糊的計時觀點。」

為了控制而作為

我們的焦慮不是來自思考未來，而是來自想要控制未來。

——據說出自紀伯倫

班傑明（Benjamin，化名）是一名在某家教育出版社擔任多年的資深編輯，某位與他同公司的女同事則在進公司兩年後，晉升為發行人，成為班傑明的新部門經理。起初他們相處融洽，但隨著兩人共事的時間越久，她開始對他越管越多。「我覺得她似乎需要插手我所做的每項決定，以便留下她的印記。」班傑明說。

隨著壓力的增加，這位經理的控制行為變得更變本加厲。每當有需要她監督的重要決定，她會鉅細靡遺詢問他所做的每件事，包括他專門領域內的事。她也開始要求做修改，有時還會在最後一刻，給班傑明以及生產和設計團隊帶來額外的工作。這位經理越是介入和專注於負面的東西，班傑明越是退縮和對她隱瞞資訊。如此造成的不信任，導致班傑明的無力感，和缺乏有效做好工作的創意和動力。

如同我們在《為什麼思考強者總愛「不知道」？》中所探討的，當環境改變或變得更不可預測時，壓力便會升高，而我們也會感覺深受環境支配。這時我們會試圖增加控制感，藉以緩解無力感。控制成為一種防禦手段，用來對抗未知和支配不確定性。就像班傑明的經理，我們最終可能施加超過所需的力道，發出更多命令和變得更加獨裁。

當某件事物對我們真正重要時，我們自然而然會緊緊抓住，為它奮戰。但這蘊含著在採取行動試圖控制結果時，冒著毀壞我們在乎的事物的風險。我們冒著強制行動的風險，拼命想要有所成就，而非遵循自然的行動方針。

這個問題源自於誤以為事情在我們的掌控中。心理學家艾倫・蘭格（Ellen Langer）稱之為**控制的錯覺**，緊張和競爭的局勢會加深這種傾向。相信自己掌控了一切關鍵的成功因素，其實是個謬誤，就像是**事情如果發生，那是我的功勞**，這樣的概念。如果我們相信獲得好成績、職位晉升，或是人生的成功取決於自己，那麼這只不過是關乎投入更多工作，以及對環境施予更多控制，以便使我們達成目的這類的問題。但我們的命運終究不像我們願意相信的那樣，有那麼大的比例可以掌握在自己手中。

「我的老闆對我過度管理到極點。我討厭在本該丟開他交待的愚蠢任務後，還要留在辦公室加班。」

「我的經理對我要求過多。每天我都得應付永無止境的要求和問題，其中大多明擺著是我的責任，而不是她的。」

「我的經理的一言一行充滿命令和控制，沒有爭辯或討論的餘地。每個人都理應聽從命令，不容偏離。」

「我原本以為我有勇氣跟任何人進行強力對話，但自從我和經理意見不合而遭訓斥之後，我已經失去自信。」

我的作為成就現在的我

我們變成的模樣——我們的為人——終究是由我們的作為所構成。

——安娜・德維爾・史密斯（Anna Deavere Smith），《給年輕藝術家的信》

當金・庫普（Kim Koop）成為澳大利亞非營利組織、維多利亞精神失能服務機構（VICSERV）的執行長，她開始與重要的利害關係人開會。她的任務是倡導並影響會員的議題，而會員們往往視她為敵對的一方，她有時質疑、挑釁或代表團體中的替代觀點。「這是非常有必要的任務，而且我做得很好。」有一天，慣常主持會議的主席出乎意料地放下主持人的角色，要求金來帶領會議，且未多做說明。金不明白主席為何這麼要求，但她還是答應了。

「我後悔做了這個決定，」金回想，「我的主持工作做得很差。我不停地介入討論，以平常的方式提出倡議和質疑。在極大的利害關係下，我無法放下我的鼓吹者身分，一直堅守我的觀點。」金沒有意識她的行為對會議產生的影響。此後憑藉後見之明，她明白在擔任主席的新角色上，她被期許的是採取更中立、平衡的觀點，聆聽和促進對談，而不是代表或提倡某一觀點。「可惜我沒有能力做到。此次經驗對我是一記警鐘，即便痛苦卻幫助我明白，我必須思考我所扮演的角色和身處的背景，並且每次都要考慮我是否要做出行動，或選擇收手？」

當我們依附於我們所扮演的角色，就像金那樣，我們會冒著讓這個角色定義我們身分的風險。我們變得受制於伴隨該角色而來的責任和期望，而喪失能力去明辨我們的行動和行為是否適合我們的處境。

如果我們無法區分自己與自己所扮演的角色，很可能過度重視我們的工作，其代價是，脫離這個角色後的我們，會將太多的自我價值感投射其中。這是件危險的事，萬一哪一天我們突然失業了。當傑夫・孟達爾被他任職的新創企業解雇時，最讓他受傷的不是金錢的損失，而是可察覺的身分喪失。「我感到失落和可被輕易取代。如果我沒了工作，那麼我是誰？遭到解雇好比我被象徵性地告知我沒有價值。」

傑夫感受到需要迅速另謀工作，以恢復自我價值感或驕傲的壓力。他不希望他的家人必須跟別人說他被解雇，現在失業了。「在我的業界，失業的恥辱是死亡之吻。這種感覺深刻且真實，回想當時我曾嚴重憂鬱，還為此而尋求治療。」

階級和地位在資訊產業是重要的，一如其他許多產業。「這通常是靠吹噓你目前任職的公司、你目前的職位，以及你曾經歷任的職位和公司。大多數的未來雇主不在意你是什麼樣的人，卻非常重視你目前和以前的職位。」傑夫表示。

◆

史蒂文：「所以，你是幹哪行的？」她在會議上和我碰面幾乎不到一分鐘後就開口問我。這固然是不錯的開場白，但我們可以看出這個問題的麻煩。貼標籤可以產生能形塑未來關係的身分。如果我沒有回答這個問題，最好的情況是造成困惑，最壞的情況是被視為閃避問題或幼稚。

我記得讀大學時曾參加過一項領導力訓練計畫。導師要求我們在便利貼上列出所有被貼在我們身上的標籤，然後將它們貼在活動掛圖上。掛圖貼滿螢光色方塊，目的是要讓我們知道我們的多重身分。我記得我問導師：「如果我們的身分不是那總是不停變換的便利貼，而是底下的空白板子，又會怎樣呢？」

當我開始就業時，我曾被那些知道自己想做什麼的朋友給弄糊塗。有人清楚知道他們想要當新聞記者，有人則是想要當醫生或律師。他們似乎很有把握，我對他們感到既敬畏又羨慕，因為我還不清楚自己想做什麼。當時我切確知道的是，全職工作並不適合我，而且這涉及身分問題。我不想被定位為人資人員或管理顧問，或是其他任何標籤，因而被限制自由，無法以多種方式發揮工作創造力。

◆

史蒂文厭惡自己被單一角色下定義，這與他自由和多樣化的個人價值觀有關。他拒絕任何一個可能限制其工作意義的標籤。

在我們如今生存的世界，每個人都是「他自身的目的」。在《思想簡史》（*A Brief History of Thought*）中，哲學家呂克・費里（Luc Ferry）觀察到，我們為自己實現和成就的事，決定了我們是否重要。我們對行動和成果以及成功的依附，會變成我們身分的重要來源。如同傑夫的故事所闡釋，完全將個人身分等同於在工作中扮演的角色是危險的事，這會使我們在面對職場的要求和壓力時更加脆弱。

來自倫敦卡斯商學院（Cass Business School）的伊萬娜・路普（Ioana Lupu）和蘿拉・恩普森（Laura Empson），在他們的研究報告《錯覺與過勞：在會計界玩遊戲》中，想了解「自認為獨立自主、經驗老練的專業人士，如何以及為何會順從組織的壓力而導致過勞？」他們引用社會學家皮耶・布迪厄（Pierre Bourdieu）作品及其錯覺（illusio）概念，錯覺是個人從而投入和「被遊戲接納」的現象。在布我被拖進一座忙個不停的神奇島嶼，在那裡我所有的同事似乎都中了相同的快樂島魔咒，他們被催眠似地從傳真機移動到印表機，再移往檔案櫃和會議室，彷彿跳著精心安排的宮廷舞。每個人好像都擁有令人欣慰的相同基礎，將不停地工作當成一種身分認同，而且樂在其中。

——大衛・懷特，《三段婚姻》

我的工作以一種微妙的腐化方式對我產生重要性。我負責管理某個致力於環境教育的組織的教育計畫，我那按表操課的忙碌是讓我妄自尊大的美妙手段。我感覺自己直接影響數以百計的人，並且間接影響數以千計的人，從而感覺值得為此稍微殘害自己。

——大衛・懷特，《三段婚姻》

迪厄的作品中，遊戲是一種場域、一種社交互動和充赤權力關係的空間，人們在其中奮鬥並競爭特定的資源與利益。藉由「玩遊戲」，個人含蓄地承認該場域的風險，就像接受操作金融市場的風險。

路普和恩普森認為「行為失調和被工作消耗的問題在於，它以隱微的方式剝奪我們的自主權，使我們更難區分由工作所定義的身分和我們自己所定義的身分。」他們對於專業服務公司所做的研究顯示，老練的專業人士隨著資歷增長，變得越擅長玩遊戲。然而，當他們被錯覺俘虜時，他們也會喪失質疑遊戲的能力，以及他們對於遊戲的投入程度。這種錯覺是透過重複的行動和慣例而產生，促成強化遊戲規則的無意識承諾，使得人們相信那是值得為之而死的風險，而將他們禁錮於某種心甘情願被奴役的狀態。

過勞、過度的控制，以及可能因為無目的行動所導致的缺乏方向感，全都會產生負面結果。我們必須謹慎防範，別讓這類的失調來告知我們是誰，形塑我們的身分。那麼我們與行為的失調關係源自何處？我們又為何從事我們所做的事？

「如果我沒有扮演一個有意義的角色，為了造福別人而從事生產，超乎他們的期望，我就會感覺自己沒有價值。」

「在我退休時，我不知道該拿自己怎麼辦。我不再被需要，我沒有角色、沒有責任、沒有人生目的。沒有工作的我是什麼人？我有幾個月時間都待在家，感覺到失落、退縮和沮喪。」

「對別人有用處、有貢獻，使我神采煥發。我感覺我正在直接影響數以百計的人，對他們的生活造成正面影響。」

「我的自我價值完全受我的成就感所驅使，我依靠自己取得現在的地位。」

「我的父母親總是教導我要努力工作，闖出自己的名堂。如今我辦到了，我比以前更加努力工作。」

「我知道這不是好的生活方式，但在我內心中，我感覺我絕不可能停下來，因為如果我停下來，就證明我畢竟不夠好。我確信如果我不再努力工作，我會失業，或者被忽略而無法升遷。」

「我一輩子相信當個努力工作的人，是我能做到最好的事。我終生看著父親蜷伏在紙堆上，總是眉頭深鎖，但他喜愛他的工作，說這工作帶給他意義和成就感。我知道努力工作、有生產力和達成目標，是我所能成就最好的事。」

「我在大學時功課良好；然而為此我給自己很大的壓力。我會把較低的成績看成無能、不聰明和整體而言沒有價值的表徵。」

「在我的行醫過程中，我看見許多人將他們的身心俱疲當作驕傲、優勢和重要性的標記。他們與工作緊緊交融在一起，在工作之外沒有自我感。」

第❸章

我們為何做所做之事

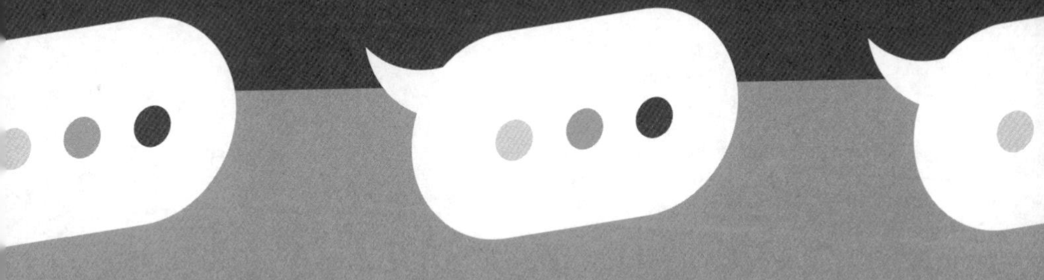

另一場會議、另一項議程、另一份由行話、首字母和試行方案構成的清單。PSU 正進入第三階段，而 CDR 想要 G2 進到第五級。如果我們花整整九年時間做這件事；如果我們主動積極、跳出框架、讓團隊同心協力唱同調；如果我們馬上投入工作；如果我們縮減人力；如果我們讓資金到位，並且趕緊動起來，那麼我們可以有所改變，大有作為，改變其他人在上星期改變的事。

——威廉・厄爾特（William Ayot），〈邊緣的塗鴉〉

THOSE WHO

WORK MUCH

DO NOT

WORK HARD

工作多的人，會不努力工作

——梭羅（David Thoreau），《日誌》

領薪水做事，而非思考

組織變革顧問蘿拉（化名）開始她的第一份工作時，誤以為她是來**從事思考**，有機會用她的點子讓公司合夥人及其客戶驚艷。事實上她錯了，她的工作重點全放在做事——不管是卑下的任務或者需要大費周章，但極少需要思考的任務。行動備受重視，沒有**作為**則會被處罰。等到她適應了組織的慣例，她便屈服於倫敦商學院的蘇曼查・戈沙爾所稱的「**忙碌的傻瓜症候群**」。該用語用來描述不停做事而沒有目的或願景的失調行為。

在成就導向的文化中，預設的焦點是在產量上，也就是我們做了多少事，而非成就了什麼。在諸如蘿拉公司的組織中，做事與思考之間失去平衡，他們優先考慮的是事情完成的**量**而非**質**。注重短期的量測，減損了較長期思考的價值。這可能是許多人埋首於無意義行動的原因。如同某地方政府當局科長所言，習慣性地自我懷疑他們每天例行公事的用處和目的，通常導致他們做出結論：「我大可以不停地做事，但我不知道還有什麼別的事可做。」

「我在執行的這個計畫是個黑洞。」

「我被組織再造的海嘯給滅頂。」

「泛濫成災的資料。」

「我有十個優先項目，全都是第一優先。」

「不間斷的會議，讓我窒息。」

「在我工作的地方，成功等於你生產和交付的東西。」

「重點在逼出產量，不在於強化輸入。」

「我們重視工作勝過人。」

「我們是停不來的執行者。」

「『以少馭多』是我們的真言，意思是用較少的人力做較多的工作。」

「我們有假性出席（presenteeism）的文化。」

「你得待在辦公桌前。」

「如果你不在場，就會被假定你沒有在工作。」

「我的辦公室是一座從事無意義活動的踏車。」

「忙碌在我的組織裡是一面榮譽徽章。」

「我花費太多時間在沒有意義的會議上。」

「我們是彼此絆跌的多頭馬車。」

社會學家馬克思・韋伯（Max Weber）在他一九〇四年的《清教倫理與資本主義精神》（*The Protestant Ethic and the Spirit of Capitalism*）一書中，認為馬丁路德和喀爾文將努力工作、自我否定和紀律，概念化成為基督教徒的責任。努力工作被視為個人價值的來源，以及成為上帝選民的表徵。這種意識形態遍布西歐和以外地區，擴及到北美洲和非洲殖民地。長此以往，努力工作變成本身的目的。「清教徒將工作變成一種美德，顯然忘記上帝發明工作是為了當作一種懲罰。」《紐約時報》記者提姆・克里德（Tim Kreider）在他的文章〈「忙碌」陷阱〉如此譏諷。

法國存在主義哲學家卡繆（Albert Camus）曾在《薛西弗斯的神話》（*The Myth of Sisyphus*）中闡述無意義工作的荒謬。薛西弗斯被希臘諸神判罰滾動一塊石頭上山，只為了讓石頭滾下來，周而復始。徒勞無功的工作不僅荒謬，還具有毀滅性。一直到十九世紀，如此徒勞的工作在英國甚至被當作一種懲罰的形式，目的是要用辛苦、單調且往往無意義的任務擊潰囚犯的意志。其中一項任務是讓囚犯抬起一顆沉重的鐵砲彈，慢慢舉高到胸前，然後搬運一定的距離，放下來，再重複做相同的事。

我們與做事的失調關係是由經濟神話所塑造——越大或越多，便越好。根據貝蒂・蘇・弗勞爾斯（Betty Sue Flowers）的看法，這是我們這個時代最盛行的神話。

在她二〇一三年的《策略與商業》（Strategy+Business）雜誌文章〈對決的商業神話〉中，弗勞爾斯主張經濟神話與父母親的衝動緊密相關，那是人們所經歷最強烈的經驗之一。但其中存在一個不利因素。「當然，一旦孩子長大，你會放手，但養育一個產品是永無止境的任務。」她警告我們要留意單線成功量測標準的危險，例如總收入、獲利和市場規模。

生產更多商品的壓力也來自工作者本身。其中由於物質和地位的報酬與工作相連，加深了人們想要獲得更多報酬的心理需求。所以什麼時候才算**足夠**？在一個獎賞成長的體制中所產生的恐懼，絕對無法因我們目前的成就或擁有的東西而感到滿足。我們從很小的時候就被教導累積物品、金錢或財產，可以給予我們安全和幸福感。擁有更多東西的概念就歷史角度來看是合理的。我們貯存資源，例如食物和水的能力，或許就是為了度過乾旱或饑荒，這對於避免挨餓十分重要，但如今對我們則無太大用處。

人們可能受到社會制約，相信更努力、更長時間的工作才是維持生存的手段，尤其在收入差距加大、食物成本和工作不穩定性攀升的國家更是如此。但事實是，即便滿足了基本需求，仍存在著工作過度的傾向，一部分是因為唯物主義所導致。

我們在職場裡使用的語言，以及**組織作為機器**的隱喻，強化了我們與工作的失調關係。組織被描述成可被操縱的結構，此事源自於腓德烈・溫斯羅・泰勒（F.W. Taylor）的科學管理和效率增進運動理論。在《重新發明組織》（*Reinventing Organizations*）一書中，弗雷德里・拉盧（Frederic Laloux）記錄並透露我們如何保留這個隱喻至今的工程學行話：「我們談到**單元**和**階層**、**輸入**和**輸出**、**效率**和**有效性**、**拉動槓桿**和**挪一下針**、**加速**和**踩煞車**、**評估問題範圍**和**衡量解決方案**、**資訊流**和**瓶頸**、**再造工程**和**組織精簡**。」

機器的隱喻，導致組織和工作者去人性化的結果。如果我們的心智模式是機械的模式，那麼為了增加產量，我們只需讓機器更賣力運作，一天二十四小時全年無休。如果有東西無法運作，我們可以重建、移除零件和改變系統。

人們被當作可互換和取代的零件對待，因此容易被裁員和外包。意識我們自身的價值，加上了解職場的價值觀與文化，有助於我們質疑和挑戰既有的規範。我們所使用的語言和隱喻至關重要，它們能建立或剝奪我們與人性的連結。

期望——世界的要求

在我們覺得有足夠的成就之前，需要成就多少事？

——馬塞洛・格萊澤（Marcelo Gleiser），《知識之島》

◆

黛安娜：身為領導力教師，我的工作伴隨著要求、責任、需求和可完成的目標。我的角色需面對大眾的本質，以及連帶而來希望我能執行、增加價值和解決問題的期望，這對我造成沉重的負擔。

儘管我知道不可能滿足人們加諸我身上的所有期望，但我仍感受到多少得滿足他們的壓力。這種壓力有時使我承擔過多的工作和責任。這也時常與我的角色相左，因為我教導人們，領導必定涉及挑戰，以及帶領他們走出舒適圈。不同期望之間的緊張關係讓我感到精疲力竭。

在與團體和組織共事時，一位從事適應性領導的業者吉兒・赫夫納格（Jill Hufnagel）透過一種她稱為「抓住一切」的練習，探索期望心理的複雜動態。某次她要求志願者出場，這時有位和藹可親、名叫布萊恩（Brian）的中年男子自告奮勇。等布萊恩來到站在房間前頭的吉兒身旁，她任命他為該團體的指定當權者，他的任務是提供保護、秩序和指揮。

她接著告訴剩下的二十三名參與者，「你們每個人都要交給布萊恩一件物品讓他拿著，代表你們對當權者的期望，然後告訴大家這件物品與期望有關的象徵意義。」吉兒做了示範，她把她的筆電交給布萊恩。「請好好保管它，它是我的生命，裡面包括我們的講義和兩篇我的文章草稿。」布萊恩接下這台筆電，輕拍了一下，大聲說：「它跟著我很安全。」

大夥兒迅速排成隊，布萊恩一一收下每個人交給他的物品，還有連同其重要性的說明。負荷過多而至少讓一件物品掉落的布萊恩，拒絕了某人想提供的協助。最後，吉兒請他將所有的物品歸還給它們的主人，然後說明這項練習的意義。

其中一名參與者承認：「他看起負擔相當重，可是我不知道規則。我不知道我是否能伸出援手。」另一名參與者展現同情的舉動。「我看他試圖應付成堆的東西，於是回去找我的包包，改遞上一張紙給他拿。我不能眼睜睜看著他承受如此的重擔。」但也有人將這件事當作奇觀。「我心想，哇，幹得好，他辦到了，我等著看什麼時候會有雪崩。」

接下來幾天，吉兒繼續與該團體共事，參與者開始將他們學到的東西與工作經驗連結。

「我期待上司提供我正確的答案和罩我。」

「我擔心像這種讓最上層的人背負重擔，而且剝削每個層級的情況，會使我們全部的人持續原地踏步。」

「我創造出期待被餵養的人，但等到他們向我要求答案時，我卻惱怒起來。」

在與不同文化背景的無數團體做過這個練習之後，吉兒觀察到某些模式和知識的浮現，無論房間裡有什麼人。「最可預測的是，扮演當權者角色處理一切的人壓力極大。這產生了既不要求、也不接受協助的預設情況，而且其他參與者也鮮少伸出援手。」

這項練習說明了代表其他人**抓住一切**的危險境況。當我們在管理別人時，可能感受到必須提供答案，以及用自信和明確的方式進行領導的期望，即便我們質疑自己的能力和責任。當我們感覺到負荷過重、需要做更多事的壓力，或因要求而窒息，以及顧及我們的角色無法要求協助時，我們可能已經在無形中承擔了過多的責任。

就像吉兒練習中的參與者，我們有可能處在這種境況的另一面。當我們指望別人替我們解決問題時，往往造成他們負荷過度，而沒能察覺到自己的作用。

然而，無論我們扮演何種角色，想要掌握一切的期望，只會導致不停做事的循環。我們拼命地要達到不切實際和不可及的目標，然而，期望總是會形成更多的壓力和焦慮，最後使我們受到侷限而感到無能為力。

渺小恐懼症

我被分等，故我在。

——卡羅・史純格（Carlo Strenger），《渺小恐懼症》

就記憶所及，喬（化名）一直知道自己將來要當醫生。習醫不只是家族傳統的延續，也體現成功的一切樣貌。她在學校用功讀書，犧牲派對和交男朋友，熬夜準備考試。頂尖的成績確保她進入墨爾本的頂尖大學，開啟六年的大學之路，和接下來的八年麻醉專攻。

她不怨恨十四個小時的班表、疲勞以及回到冷冰冰的公寓時，所感覺到的寂寞。她在走路時聞聽病人的惡臭體味、呻吟和痛苦，這一切都值得，她不停告訴自己。最終，她會在她那一行得到認可，賺到她應得的財富和肯定。

某天，在值完另一個大夜班之後，她匆匆去開會，沒有洗澡、一臉疲憊的她撞見一位從醫學院退學的失聯故友。在三分鐘的談話中，喬得知班（Ben）要來探望他的妻子和剛出生的兒子。還有他在一家提供發展資金的企業上班、坐領高薪的現況。在被問到現在過得如何時，她無言以對。

當天喬突然崩潰，她感覺自己在個人、事業和財務方面應該擁有的美好人生，與現況相去太遠。直到那一天結束，她都在敷衍了事，最後帶著淚眼上床睡覺。她非常妒嫉班的成功，這念頭揮之不去。她感覺被這次的偶遇給羞辱了，相信班正在嘲笑她可悲的生活。失望的痛苦打擊著她。「我是失敗者，一個無足輕重的人。」她自忖。當晚她失眠了，滿懷著悲傷和憤怒。她決心向世界證明她的價值，無論要付出什麼代價。隔天喬抱著比以往更加堅定的決心回去上班。直到為了抬起病人而遭致嚴重的背傷，她才停下來仔細思考她的人生。她明白支撐她的幹勁的，與其說想要當個好醫生，不如說是想要揚名立萬。

「最教人難以忍受的，莫過於我們親密朋友的成功。」哲學家艾倫・迪・波頓（Alain de Botton）在《地位焦慮》（*Status Anxiety*）中說道。根據迪・波頓的說法，我們對外在形象的焦慮，無論我們是否達成想要的目標、成為我們想當的人，都源自於遵從我們在所處社會裡下意識內化的成功概念。焦慮始於未完成的期望。「當你對某項特定成就投入自尊，卻沒有達成，便會感到不滿和焦慮。」迪・波頓說。

渺小恐懼症使地位焦慮變得更嚴重，這是存在主義心理學家卡羅•史純格（Carlo Strenger）在同名書中創造的用語。史純格認為自從一九八〇年代後，當時見證了柴契爾夫人和雷根總統任內新自由主義的興起以及冷戰的結束，我們已經被灌輸兩種所謂**美好人生**的模式。其中一種奠基於名氣，亦即我們的知名程度。受歡迎程度不停在排行榜、社群媒體和電視實境節目裡被衡量，當中能見度和識別度助長了想要更受歡迎的欲望。另一種模式以財富成功為基準，我們的價值被量化，其標準是資產的多寡、購買物品的價格，以及購買我們產品的消費者數量。

我們的身分和自尊感藉由適應這些體制，而被塑造與損害；我們的行動被它們創造的恐懼所驅使，史純格如此主張。我們每個人都變成商品，得不停地探索如何從工作中獲得身分，藉由現今主流文化所信奉的價值觀，選擇並從事對於我們有意義的活動。

如果我們覺得自己不符合這些成功的標準，就會不得不用更多的努力來拉近差距。由這些恐懼而產生的不滿和焦慮，可能促使我們更努力工作；也可能導致我們過度規劃生活，藉以轉移我們的不適感和憂慮，而彌補我們可能產生的匱乏感，使我們得以應付和生存。

◆

史蒂文：二〇一一年，我受邀在羅馬尼亞布加勒斯特發表TED演講。雖然我覺得興奮，但隨著時間的逼近，有一部分的我也對前景感到害怕。

TED這個品牌以招徠傑出人物而聞名，例如了不起的思想家、政治人物、科學家以及提出令我欽佩的想法的人。相形之下，我覺得我沒有任何值得注意的成就，或特殊的事情可分享，即便是在地區性的場合。後來我想到，這種渺小的感覺正是我認為可以分享的東西。我猜想我不是唯一有這種感覺的人，如果加以探討，或許對別人和我都會有用處。

那場演講在城市邊緣的一家大型綜合電影院舉行，當天聽眾超過一千人。在我之前的演說者得過紅牛（Red Bull）錦標賽的獎項，曾經從山上一躍而下，甚至負傷贏得比賽。聽眾似乎被他說的每個字給吸引。突然之間，輪到我上場演說，我被領到舞臺上。站在巨型電影螢幕前的偌大舞臺，我感覺到渺小和脆弱，我的眼睛慢慢適應了黑暗的舞臺，從那裡我只能看見坐在前幾排的聽眾。

我將演講定名為「讚頌平凡」。我與聽眾分享，我原本很想要用一連串成就的清單來誘惑他們，好讓我不會感覺自己如此無足輕重。或許正是這種對重要性的追求，如同史純格的描述，讓我們覺得如此不滿足。而我分享的所謂平凡時刻，卻是重要且容易被忽略的。舉例來說，我喜歡親近大自然，對於能夠花幾個小時卻只是坐在長椅上打發時間，感到滿足與平和。或者與人接觸的時刻，舉例來說，我曾經動過一個手術，當我臥躺在手術檯時，感覺護士溫柔的手撫摸著我的頭安慰我。我從未面見這位護士和向她道謝，雖然這只是人與人接觸時一個平凡簡單的表現，但我一直記到現在。

聽完我的演講後，許多人向我透露，我分享的內容讓他們感覺鬆了一口氣。他們也會拿自己跟舞臺上的演講者做比較，相較於他們自己，演講者的成就和人生經歷顯得十分特別。聽眾離開後，對於什麼是真正重要的東西，自有一番不同的見解。

害怕錯過——二十一世紀的挑戰

害怕錯過輕聲道出我們能夠或應該做的事，藉以引誘我們變得不健全。

——布芮尼・布朗（Bren Brown），《勇氣的力量》

如果我們相信自己活在一個資源匱乏的世界，無論時間、金錢或機會，我們將會過度重視可能失去的東西。這導致我們為了**以防萬**一而工作，或者承擔了超過我們應該做的工作，而非因為我們真的需要如此。

山姆（Sam）是墨爾本地方政府當局的科長，每天為著說**不**的能力而掙扎。「我害怕開口說不，會被別人解讀成不是團隊的一分子。我擔心他們會把我看成懶惰或無能的人。」山姆也擔心說「不」會妨礙到他未來的機會。因此，他感受到必須接下每件來到他面前的新工作的壓力，以及接受同事每個要求協助的請求。這對山姆產生極大的個人壓力，因為他得不停地在多項任務之間切換，處理越來越大的工作量。

每當山姆想要婉拒工作，他的焦慮便隨著升高。雖然眾多的要求已經對他造成更大的工作壓力，但有些計畫最終是有報酬和有趣的。這使他總是不敢推卻不適當的計畫，惟恐錯失有意思的事。「許多時候我接下了任務，但我知道那是超出我的層級應該做的事，偶爾也讓我感覺被人利用。」

這種情緒如此常見，所以已經變成一個首字母縮略字：**FOMO**，意思是「害怕錯過」（fear of missing out）。如此的做事習慣，只是為了讓我們感覺好像沒有錯過什麼。在職場上，害怕錯過可能意味著我們為了保持能見度，而加入超出需求的委員會。也可能代表被複製進長串的電子郵件中，為了想知道的需求而服務。或者導致我們在其實想要說**不**的時候說**是**，其效果可能有害，甚至造成超載的感覺，使你在與家人共進晚餐時還無法放下手機。

潛藏於害怕錯過底下的，其實是害怕做出抉擇。當史蒂文受訓成為治療師時，有句諺語是這麼說的：「你選擇，你就輸了。」因為選擇也是一種排除，一種封閉的選項。在一個鼓勵我們盡可能多做事、以及盡可能擁有多種選項的社會，做抉擇的需求似乎多少會令人感到不舒服。

心理學家阿莫斯・特沃斯基（Amos Tversky）和丹尼爾・康納曼（Daniel Kahneman）

研究**損失厭惡**（loss aversion）的現象，結果顯示人們傾向於避免損失，勝過獲得等值的東西。舉例來說，與其發現一百英鎊，寧可不要失去一百英鎊。他們的研究證明，失去的心理強度是獲得的兩倍。難怪我們寧願去做，而不願承受說「不」可能帶來的損失。「是的，我會去參加演唱會，因為說到底，我不想看見朋友們一起玩樂的照片，感覺我落單了（即使我沒有真的很想去演唱會）。」我們有多少次從事空洞無意義的活動，只是為了避免落單？我們又有多少次，只不過為了現身而現身呢？

廣告和社群媒體餵養我們應該過著滿載的生活，充分利用機會的觀念。活在當下，把握這一天。像核對清單般過日子：該造訪之地、該去用餐的餐廳、該讀的書、該看的電影。沒有浪費時間的罪惡感。在《重拾活在當下》（*Carpe Diem Reclaimed*）一書中，羅曼・克茲納里奇（Roman Krznaric）認為**把握這一天**的概念已經被四種力量綁架：消費文化，其中「做就對了」（Just Do It）已經變成「買就對了」；日益講求效率和時間管理的狂熱，已將自動自發轉變成「計劃就對了」的文化；全年無休的數位娛樂以「看就對了」取代有生氣的生活經驗，而正念運動無心造成的結果，「助長了把握這一天，主要是關乎活在此時此地的概念，而做就對了，變成只要有呼吸就好。」

社群媒體讓我們知道別人正在做什麼，從而加深我們的地位焦慮，並利用我們害怕在社交平台上與虛擬世界失去連繫，我們便會落單的恐懼。正如我們對於社群媒體的執迷，我們也可能對**做點什麼事**的興奮感上癮。工作的強迫性本質不但利用我們的身分，也利用我們的愉悅、刺激、追逐和忙碌。它將我們接上正在發生的事，並降低我們的反思能力。

害怕錯過不僅挑戰我們正視自己的渴望，還有我們對自己的期許。它挑戰了我們完全能做到和完全能擁有的概念，它要求我們面對我們的侷限，並做出抉擇。

完美主義

完美主義是壓迫者的聲音，人民的公敵。它會一直鉗制住你，使你的整個人生變瘋狂。

——安・拉莫特（Anne Lamott），《寫作課：一隻鳥接著一隻鳥》（Bird by Bird）

「我應該更精明的。」

「我不該這麼做。」

「我討厭軟弱、可悲的我。」

「那糟透了。」

「我不應有這種感覺。」

「我把事情徹底搞砸了。」

「彷彿我不配擁有這樣的快樂。」
「我認為我沒有任何出息。」

作家暨創造力顧問史蒂夫・查普曼（Steve Chapman），受邀分享他對於無為的想法，他知道他的內在批評者會有意見。史蒂夫在大約十一歲時第一次察覺到他的內在批評者，那時它開始表達它對史蒂夫學業成績的看法。此後，這個內在批評者似乎總在史蒂夫即將有學習上的突破時出現——當他想出有意思的點子，或者當他就快要做出他想做、但以前沒做過的事。無論背景為何，它的意見總是相同，用評斷的方式指責：「你不夠好，你是冒牌貨。」

內在批評者，或是佛洛伊德指稱的超我，起因於我們理想化的自我形象而浮現的角色。內在批評者是完美版的自我，沒有缺點，也沒有弱點。這個無敵的人類樣本無所不能，而且從不失敗。對大多數人而言，擁有高標準和努力追求卓越是件好事。這可能代表我們積極全力以赴、獲得結果，並擁有對工作和生活的主導感。但我們也可以不時接受我們未必總能達成目標，以及犯錯是生活中不可避免的事。

然而，有些人傾向於給自己設定不可能的高標準。無法達成目標不是他們的選項。即使小錯誤也可能被視為大災難。任何不夠完美的東西便是失敗。在《不完美的禮物》（*The Gifts of Imperfection*）一書中，布芮尼‧布朗（Brené Brown）定義完美主義為「自我毀滅和成癮的信仰體系，助長了這個主要想法：如果我看起來完美，並且完美地做好每件事，便可避免或盡可能減少羞愧、被評斷和指責的痛苦感覺。」

完美主義可能源自渴望符合高標準和自我批評。然而，這並非我們天生擁有的事物。史蒂夫內在批評者的質問向他透露，這個理想化的自我形象隨著時間不知不覺地建立，「就像茶壺的水垢、花園裡的雜草，或者船身上的藤壺。」

對完美與無瑕的莫名追求，可能源自想獲取兒時未曾得到認可的需求。這可能助長自我批評的傾向。完美主義者對於自身成就，從來沒有感覺完全滿意的時候，他們絕不會不注意到他們的內在批評者。因為他們的自我價值關乎成就和不可能的高標準，許多完美主義者工作過度，而且可能變成工作狂。此種行為會導致長期壓力，造成情緒、心理和體力的枯竭，最終促使某些人身心透支。

如果我們相信那些批評我們懶惰或無能的內在聲音，那麼我們可能試圖透過鐵的紀律、運用嚴格的自我控制，或者遵循嚴格的計畫，以彌補我們假定的缺點。內在批評者會使我們感覺，彷彿我們不夠努力。它變成無情的工頭，用應該和必須來驅策我們保持忙碌和完成更多事情。

「我時常對自己感到壓力和失望，因為我覺得不管我多麼努力嘗試，永遠都達不到目標。」

「我發現很難向人求助，因為我相信我應該能自己設法辦到。承認我需要幫助就像承認失敗一樣。」

「如果我在同事面前犯錯，我擔心自己會看起來愚蠢且感覺屈辱。」

「我感受得到預知問題發生的壓力。」

「我花太多時間琢磨每一個字，不管是寫份簡單的電子郵件或報告。我也擔心犯錯，所以改個不停。」

「我不停地設法改善我的工作，還時常重做，為了力求完美，得修改工作文件好幾遍。」

「即便我的經理對於我的工作品質感到滿意，但往往仍不符合我對自己的期望。我可以、也應該要把工作做得更好。」

「儘管我整晚為考試做準備，但我打從心底知道，我不會考得好。」

「我發現自己就連做最小的決定都很困難，例如看什麼電影，因為我害怕選錯電影。」

第三部

負能力

負

在轉動的世界的靜止點上。
既非肉體亦非無肉體；
既非來亦非往；
在靜止點上，舞蹈即在於此，
但既非遏止也非運動。

——艾略特（T.S. Eliot），《四首四重奏》（Four Quartets）

在《為什麼思考強者總愛「不知道」？》中，我們曾探討過負能力（negative capability）的概念，這個用語最早出現在詩人濟慈寫給他兄弟的信中，註明日期一八一七年十二月二十一日。濟慈當時著迷於他佩服莎士比亞的一項特質，他認為莎士比亞「能夠安處於不確定、神祕、疑惑中，不躁求事實和因由。」

正能力是一個人透過活動、工作和成就，以知曉為基礎所具備的知識、技巧和能力。相形之下，諸如等待、耐心、觀察和傾聽等**負能力**，則奠基於不知和無為。這種區分方式是學者羅伯特・法蘭奇（Robert French）、彼得・辛普森（Peter Simpson）和查爾斯・哈威（Charles Harvey）作品中的特色，他們透過研究，將負能力的概念帶進商業與領導力領域。在三人的研究報告「『負能力』：促成對創意領導的了解」中，他們主張負能力「意味著以非防禦方式處理變化的能力，不會只為了回應持續存在的壓力而被擊潰。」如同我們在安迪・高茲渥斯、羅茲・沙維奇、保羅・林登和尼爾・史賓塞的故事中所見，他們全都具備這種能力。

根據法蘭奇、辛普森和哈威的說法，我們同時需要正能力與負能力，方可在工作中展現效率。過於強調正能力，可能產生我們在第二章探討的執迷型行為，而太強調負能力則可能導致消極和怠惰。我們不應認為其中一者優於另一者。無為的反面是倉促行動或被迫採取行動，以行動對抗潮流並違反我們的利益。這個區別直指本書的核心。

法蘭奇、辛普森和哈威指出，結合正、負能力可以「在確定與不確定之間的邊緣地帶，創造運作的能力，以一種允許抗拒壓力發散的方式，容納個人的想法和感覺。」

連續的無限迴圈，是描述有為與無為之間的動態互補關係的另一方式，肯尼士・密克森（Kenneth Mikkelsen）和理查・馬丁（Richard Martin）在《新通才》（*The Neo-Generalist*）中探討該概念。他們認為連續性並非只適用於專才和通才之間的相互關係，這是他們書中的主要重點，也適用於其他許多層面。

如同我們在第二和第三章所示，我們面對必須有所表現、成就和有效能的巨大壓力。行動、速度、自信和技術專長，全都在職場上得到讚揚。這些特質受重視的程度往往高於耐心、暫停、放慢下來、花時間反思、為想法的浮現創造空間，以及與人的要素相連結。在這個脈絡下，負能力的地位雖然低落，但卻是我們想要進步和促成學習與成長空間必須培養的能力。法蘭奇、辛普森和哈威稱之為「創造的能力」。

這種創造能力具備邊緣性質。它佔據了放任與強迫作為之間、無所作為與過度作為之間的過渡空間。安迪・高茲渥斯就體現了這種能力，在岸與海之間或河流邊

過度強調正能力

可能造成執迷的作為

過度強調負能力

可能導致消極和怠惰

緣，沿著這些充滿可能性的過渡性邊界進行創作。他對新概念持開放態度，等待材料從大自然中出現、耐心守候形態的開展、向後退且暫停以取得洞察力、蒐集、安排、建造、與潮流合作，最後完全投入周遭世界並與之相連結。

在認清有為與無為之間的共生關係後，接下來的章節僅以無為，以及我們能在個人生活和職場中加以培養的各種方法進行探討。我們以四種不同但相互關聯的標題為負能力分類，我們分別稱之為「讓泥漿澄清」、「鬆手放開堤岸」、「河流知道它的目的地」以及「美麗的行動」。當你在瀏覽這些章節時，我們邀請你設身處地想像藝術家與探險家的境界，例如安迪・高茲渥斯。請保持開放的心胸、去發現吸引你注意的東西、拾取對你說話的部分、遵循它們的流動和能量，以及驚訝於你在岸邊用無為創造的事物。

孰能濁以靜之徐清。

——老子，《道德經》

第❹章

讓泥漿澄清

暫停

我是兩個音符之間的休止符，
這兩個音符不知何故，老是不和諧。
——萊納・瑪利亞・里爾克（Rainer Maria Rilke），〈我的生命不是這個陡斜的小時〉，《里爾克詩選》

間歇。
事件或活動之間的一段時間。
文字或音符之間的空間。
行動或演說的暫時停頓。
過程動量的暫止。
向後退以及思考的空間。
恢復和重振生氣的方式。
開放的靜止。

清晨時分，天色猶暗。瓦列里歐‧比西格納內西（Valerio Bisignanesi）能望見濱海港區的燈光延伸至墨爾本灣的黑色水域。新煮咖啡的芳芬充滿他的鼻孔，他正在為一副塔羅牌洗牌，並抽出其中一張。「吊人」頭下腳上地盯著他看，這星期已經連續三天出現這張牌，看起來平靜安詳。

「吊人提醒我出於焦慮而行動的危險。我數不清有多少次冒然採取行動……任何行動！他在訴說冥想和退卻、累積和自我犧牲、等待和選擇不作為。他警告我，我的輪子瘋狂轉動，但車子卻完全沒有移動。我自嘲地會心一笑，走到單槓旁，擺盪雙腿懸掛在槓上。起初，血液衝往我的頭部，後來我逐漸放鬆，感覺脊椎拉長。我的身體在緊繃與放鬆之間交替變換。支撐住我重量的雙腿變得更舒適，雙臂鬆軟下垂，我沉浸於懸吊的奇異經驗。」

在展開習慣的懸吊動作之前，瓦列里歐原本掙扎於超載的行程表和過度忙碌的生活。漸漸的，頭下腳上倒吊變成他早上例行公事的一部分，他的聖殿，還有用以安定心神和遠離行事曆恐懼的辦法。他透過懸吊動作所創造出來的空間，賦予他自信，連結他對於追求健康和幸福的熱情和發現，並受訓成為健身教練。他透過無為取得嶄新的觀點和新概念，例如近來他為領導者創設「健康領導」計畫，藉由改變使他們茁壯。

瓦列里歐牌中的吊人代表靈感與確認。牌中人物頭下腳上懸吊在樹上，他的右腳踝被捆綁，自由活動的左腿則膝蓋彎曲，腳踝擺在右大腿後面。吊人的雙手被綁在背後。在十四世紀的義大利，這種懸吊方式常用來懲罰叛徒。然而，吊人臉上安詳的表情卻道出不同的故事，他是出於自己的選擇而懸吊。吊人是象徵徹底臣服的原型，他一動也不動，懸停於時間之中，等待與思考。

塔羅牌解讀師蜜雪兒・恰索（Michelle Chaso）談到吊人牌可以有許多解讀方式：

沉著、鎮靜、平和
堅持下去、懸吊
耐心
考驗期
靜止不動
結束猶豫不決
反省、冥想、啟發
奉獻
神祕主義

慢動作
處於重大轉變中
搖擺不定的局面，別著急

根據蜜雪兒的說法，吊人所傳達的訊息是，如果我們傾聽內在自我，利用機會進行療癒和達成理解，將能變得自由和明智，並獲得啟發。「領悟往往發生在我們真摯自省、保持平靜和向內探尋時。有時身體、心理和精神上的退卻是必要的，而非向前。」

生命中的事件可能強迫我們暫停下來，使我們感覺到動彈不得，無力採取行動。黛安娜以前一位在墨爾本北部山區當伐木工人的朋友，在斷了腿之後，他發現自己長達六週失能，對體力勞動者而言無異於獲判死刑。然而，從熟悉的日常工作中暫時得到休息，卻也幫助他重新點燃對學業的興趣，開啟了新的職業道路。他註冊就讀法學院，當起年長的學生。如今他是澳大利亞維多利亞省最高法院的法官。強制的暫停為新的開始鋪路。

對我們大多數人而言，暫停儘管絕非不可避免，卻是我們必須選擇的事。隨著許多組織的工作環境變得日益躁亂，過度重視行動，使暫停時間變成一種奢侈。步調越快，我們越感覺要迎頭趕上或加速的壓力，因此選擇放棄午休時間，改用緊密相連的會議安排我們的日子。

對設計師暨建築學教授基娜・萊斯基（Kyna Leski）而言，暫停有許多好處。在《創意風暴》（*The Storm of Creativity*）中，她描述暫停是一個機會，讓我們能從既有的框架外看事情。暫停允許新刺激進入創造過程中，進而促成其他想法。那是脫離重覆的邏輯決策思路的機會，能將我們從具象事物中解放出來，重新導入抽象概念；也可能透過並非先前形成的連結，改變我們正在從事的事情。「藉由停頓，無論時間長短，你弱化了刻意的掌握，因此可能變得更加開放和心胸寬闊。」她表示。她的想法呼應濟慈對負能力的認識，濟慈認為負能力「存在於神祕和懷疑中，急躁求取事實或理性之外。」這種開放性能幫助我們獲致洞察力，將事物置於脈絡中觀察。

◆

史蒂文：在員工會議中，丹尼爾開始對我大吼大叫。我內心感覺像已經達到極限的盛水容器，即將因眼淚而滿溢、因怒氣而爆炸，或者在絕望中沉沒至底。「你沒有在聽我說話，」他說，「你可以有你自己的經驗，但我也有我自己的見解。」

這些話說來傷感情。我更傾向於將自己看成傾聽者而非發言者，寧願時常問問題，而非談論我自己。然而卻有人為了要被我聽見而選擇用吼叫的方式。

我仔細思考這個情況，發覺了一個模式。當這位同事給我回饋，我視之為批評。我沒有暫停下來，而是立即感覺受到傷害，並且起了防衛心。「不，我沒那麼做，我的用意是這樣，你誤會我了。」我自動採取受害者或侵略者的角色，無論是哪一種，都無法使我適當地聽別人說話。

我仍在探索第三種方式：暫停且不立即反應，停下來專注於當下，並且變得好奇。這事比聽起來困難得多，但也是我唯一能真正傾聽的辦法。我開始注意別人，也注意他們說的話，他們話中背後的意圖，以及在我心中引發的感覺。我注意到我立即回應的傾向。我會做深呼吸，先暫停下來，可產生比較深思熟慮和有效的反應。

◆

暫停也是一種有效的介入，能破壞動能和創造除此之外無法享有的好處。運動比賽中的暫停就是一個深思熟慮，以及重新思考戰術和戰略的時機。美式足球和英式橄欖球都有中場休息時間。網球在局後和換場前有暫停時間。板球比賽按局和輪來規劃，有午餐和下午茶休息時間的文明安排。而棒球包含第七局中場休息，名義上是為了體恤場中球迷，但對球員同樣有好處。在籃球場上，叫暫停是一種策略運用，以便替球員和教練爭取改變比賽走向的空間，以回應突發狀況。此外，暫停也可當作打斷比賽流暢性的手段，破壞對手的動能。

不妨想像一下在組織發生改變和不確定的時期，創造結構化的休息和策略性的暫停。舉例來說，如果我們發現自己處於壓力大的會議中，因行動和決策的動能而激動，這時策略性的暫停能幫助我們釐清方向，變成更專注於當下的觀察者。當團隊費力處理無法預測的複雜事件，更別說專案管理，採取暫停可在人們做出反應之前，提供重組和反思的策略性空間，以及構思在未知中將要採取的下一步。

創造空間

音樂是音符之間的空間。

——據說出自德布西（Claude Debussy）

羅伯・波因頓（Rob Poynton）從房間一側看著他所引導的團體在玩「身體傳話」（Physical Telephone）遊戲。規則相當簡單：大家排成一列、朝向同一方向，用手勢傳遞訊息。如同說話版的傳話遊戲，訊息在傳遞過程中逐漸變化和改變。這回的遊戲玩到一半就失敗了。有人在被碰觸肩膀時，不願轉頭過來觀察隊友的手勢。「身為活動的領導者，我開始感覺困惑、挫折和氣憤。我全都已經解說過，而且其他每個人都明白了。這人是否故意抗拒，或者沒在聽我說？到底發生了什麼事？我覺得我應該插手，應該採取行動。我可以感覺到團體裡不在隊伍中的其他人，目光落在我身上，所以我開始移步，心裡想著要介入，告訴參與遊戲者他們應該怎麼做，以及什麼是適當的指令。」

羅伯身為老練的引導者，對於處理這類狀況經驗豐富。「這出自即興表演專家基斯・約翰史東（Keith Johnstone）的教學手冊。身為教師，必須將解說不周全的責任攬在自己身上，避免讓個人或團體有任何愧疚感。就這麼簡單！」不過，羅伯不是這麼做的。他什麼也沒做，或者說幾乎什麼也沒做。他只是再度靠到牆上。「我想我必定還露出了微笑，因為在那當下，什麼事都不做的點子，似乎如此甜美、如此對味。當大家移開視線，回頭查看隊伍的情況，想必是將我自覺滿意的無所作為，看成一切正常的跡象，無論那代表什麼意思。」

接下來發生的事很有意思。輕拍肩膀而徒勞無功的人放棄了，並離開隊伍。再過了一會兒，另有別人厭倦了等待，自動開始傳送一組新手勢，與原先的非常不同。這個新訊息接著在隊伍中傳送，如同往例一面傳一面變化，直到傳至最後一人。

一切發生得十分快速。羅伯自己的覺察、感覺和反應幾乎立即產生。「即便這一切快得令人難以置信，但不知怎的，在那瞬間我忽然明白，我不需要採取行動，事實上我可以無所作為，而且那是有效的選項，其實更是最佳選項。用不著我關照自己或擔心事情的走向，只容許我臣服於當下，看看接下來會發生什麼事。」

羅伯清楚記得他當時倚在牆上，那種立足於當下和一切恰恰好的感覺。大家望向他，期待獲得答案，而他所提供的不是說明或做任何事，只是佔據那個空間。

「大量訊息湧進那個片刻。我感覺到自己責任的界限、如何給該團體最佳服務、領悟到我的自我，或者想被看見我掌握局面的欲望並不重要，還有想知道如果我什麼也不做，會發生什麼事的好奇心。這個無所作為的決定極具解放的力量，就其本身而論，不用花費任何力氣，只需覺察到選項和意願，有意識地做出選擇。這個決定獲得好結果。藉由無所作為，我讓人們和我一樣對正在發生的事情感到自在。我無所作為的態度也讓更豐富複雜、更引人入勝的一連串行動得以展開，而非使大家固著於正確的事。它給錯誤、試驗以及不同的觀點和詮釋更多空間。

當我們開始匯報時，大家踴躍討論何時或如何採取主動的行動、放棄、重新開始、處理混亂等等。對我來說，這是我工作中頗具啟發性的時刻，在當時是介入團體的有效手段，如今仍持續在類似的情況中發揮功效，作為重要的參照點。這提醒我什麼事都不做，可以是一種富有成效的選項，但還不只如此。它提供我實踐某些想法，還有如何在複雜的情況下進行領導的經驗。」

羅伯沒有落入英雄型領導者的陷阱，表現得彷彿他知道該做什麼，而是擔任空間創造者的領導角色，容許不同的輸入、想法和經驗的浮現。一個充滿可能性的空間。在複雜和不確定的世界裡，領導者創造一種主動的缺席，像羅伯那樣，留下空間給予創造的能力。不行動、不控制、不介入團體中，無為，是開啟其他人有創造力作為的關鍵。

根據平面造型設計師艾倫・弗萊徹（Alan Fletcher）在《斜視的藝術》（*The Art of Looking Sideways*）中的說法，**空間是物質**，並非空無。他仔細思考藝術家如何在作品中有創意地創造和運用空間：「塞尚繪製和塑造空間。賈科梅蒂（Giacometti）藉由『去除空間的脂肪』進行雕塑。馬拉美（Mallarmé）用闕如與文字構思詩歌。雷夫・理查德森（Ralph Richardson）聲稱行動存在於暫停中……艾薩克・斯特恩（Isaac Stern）描述音樂是「每個音符之間的小片段，一種賦予形式的寂靜……日文有一個字（間）代表這個賦予整體形狀的間隔。在西方世界，我們沒有這樣的單字或詞語。真是嚴重的疏漏。」

空間作為物質，捕捉住無為核心的自相矛盾：創造空間是一種能力，一種被音樂家、演員、作家、雕塑家和其他藝術家擁抱的能力。有位藝術家就在他的作品中探索這種負能力，他是以色列指揮家義泰・塔更（Itay Talgam）。義泰與全世界的管弦樂團合作，例如聖彼得堡愛樂交響樂團、萊比錫歌劇院和以色列愛樂樂團。他也是《跟指揮大師學領導》（*The Ignorant Maestro*）的作者，談論領導力、靈感和不可預測性。他在書中比較著名指揮家的特有風格和微妙差異，有些傾向於支配與控制，有些則注重引導，容許產生共同創作的空間，藉以探討不同的領導方式。

義泰認為，指揮家的目標是給予別人一個平臺，讓他們感覺到充滿能量和被激勵。這是他們可以在指揮家的需求或刺激之外，為自己創造某些事物的空間。「對我而言，音樂的經驗不是以我為中心，而是用我指揮家的身分，從享有特權的舞臺中心加諸我的意志。這關乎在現場演出的音樂廳裡，承認每個人都對這個經驗有所貢獻。空間具有影響力，樂器本身以及觀眾的聆聽也是，大家彼此相互支持。」

根據義泰的說法，傑出指揮家例如卡洛斯•克萊伯（Carlos Kleiber）和李奧納德•伯恩斯坦（Leonard Bernstein）的高超技巧，並非在於他們聽見音符的能力，而是他們能夠創意地運用空間的能力。「你聆聽什麼來為自己設定議題？你聆聽間隙。探索與發現永遠存在於間隙中，那是張力之所在，以及定義真正意義的地方。」

創造空間這項負能力，也可透過幾種方式在職場裡培養。舉例來說，藉由重視、創造、維持和保護我們所說的話語、參與的會議以及管理計畫之間的空間。或者藉由無為，當我們感覺到想要插手干預和操縱時；藉由收手，容許我們的團隊去處理問題，並給予他們自行找尋答案的機會。強行的介入無法從環境中取得最佳結果。如果我們不能放下想要控制的需求，便無法創造音樂、產生計畫或進行人員上的管理。我們的任務是管理對話、合作以及創造學習的空間。

存在

一個完全存在的片刻，
超越努力，
超越僅僅是接納，
超越想要逃離或緊縛
一切或猛然前衝的欲望，
一個純粹的存在片刻。

——喬恩・卡巴津（Jon Kabat-Zinn），《醒悟》

那天風和日麗，在澳大利亞新南威爾斯省鄉下，杰姬・史密斯（Jackie Smith）走向朋友經營的小牧場馬群。牧場裡養了五匹馬，包括一匹名叫三位一體（Trinity）被騎乘時會騰躍掀人的野馬。杰姬是馬匹輔助學習的教練和顧問——透過馬輔佐人們來認識自己的一種體驗式關係學習方式，當天她過來與三位一體建立關係，接下來發生的事相當驚人。

杰姬走向正在吃草的馬群，牠們戴著籠頭並且繫著牽繩，她心想，「我得和三位一體打打交道。」在她心中，她已經給自己安排一項待辦任務。三位一體感受到杰姬帶來的壓力，每當杰姬靠近，牠便走開，到其他馬匹之間尋求安全感。這促使杰姬仔細思考她的動機。杰姬於是選擇安靜坐在溪邊，欣賞四周風景，而不魯莽行事。另一匹馬月亮（Moon）已經因為前一位主人的拼命騎乘而過勞。在馬群的啄序中，牠遭到流放，持續被排擠。杰姬如此處心積慮想要接近三位一體，使月亮因恐懼而感到壓力和緊張，躲在遠離杰姬和其他馬的一棵樹下。

杰姬在溪邊坐了十分鐘後，開始融入環境和馬群。她注意到野花、溪水的流動、樹枝的搖曳、馬群的遲疑和鬃毛的抖動。當杰姬變得專注於當下時，那五匹馬的行為開始改變，尤其是月亮。牠們一一走向她，靠近站立著。牠們不是為了吃草，只是紋風不動地輕鬆站立著。月亮和其他馬在一起，但牠們沒有嘗試驅離牠。

月亮接著從樹下走出來，走到靠近杰姬的一塊草地，然後躺下來。「這對馬來說是一種易受傷害的姿勢，身為被捕食的動物，牠們保持高度警戒，其生存本能是逃走、退避、踢腿或用後腿立起來。只有不存在威脅時，牠們才會躺在地上。月亮正處於脆弱的狀態，而其他馬卻連動也沒動。」

杰姬說：「那是美妙的片刻，純然的無為片刻。有某件宏大的事情正在發生。我們與一個安全的場域協調一致，不受干擾地滿足了我們各自的需求，而且大大滋養我們所有的人。我覺得我只不過變得專注於當下，便有出奇的成效。」她的到訪產生意想不到的結果。

奔馳的波浪給你深刻的平靜
流動的空氣給你深刻的平靜
靜默的泥土給你深刻的平靜
閃耀的星辰給你深刻的平靜
無限的寧靜給你深刻的平靜

——約翰・盧特（John Rutter），改編自古蓋爾盧恩文杰姬覺察她的環境，毋需做任何事，便看似矛盾地為大家創造出一種含括全部的空間。如果我們讓泥漿沉澱，便能與潮流共存，感覺到流動，敏銳覺察到運作於其中的力量。活在當下是一種融入、利用環境，以及從中獲益的方式。專注於自我，能讓我們以深刻真實的方式了解自身需求。當我們留意自己如何生活，以及如何與周遭世界和人們互動，我們便能連結上對我們而言真正重要的事物。

寂靜之聲

如果我們不是如此專心致志
於保持生命的移動，
就那麼一次什麼事都不做，
或許巨大的寂靜
能中斷這種
從未了解我們自己
以及用死亡自我威脅的悲傷。

——巴勃羅・聶魯達（Pablo Neruda），〈保持安靜〉

◆

黛安娜：我的輔導工作常出現一個問題，那便是客戶在提問後，往往不給我回答的機會，緊接著又會提出下一個問題。他們無法容忍懸盪的感覺，這種因為他們的問題而造成的懸而未決。這些人也擅於打斷我的話，如果我暫時停下來思考，他們就顯得缺乏耐心和受挫。

我在我的引導工作中也遭遇類似的挑戰。群體中即便有片刻的寂靜，似乎也會形成威脅並造成焦慮，通常會導致某人迅速起來填補空白。然而，寂靜能夠創造出更深入的思考以及浮現新想法的機會。寂靜同時也可能是有效的介入，用於挑戰依賴權威人物提供答案或指導談話的傾向。以此方式運用的寂靜，能刺激人們質疑其預設行為，並以更具前瞻性的方式參與團隊工作。

◆

我們對作為、外在的喧鬧和忙碌上癮，因而阻塞住我們需要聽見的內在聲音、隱約的信息和無意識的故事。

約翰・比格內（John Biguenet）在《寂靜》（*Silence*）一書中分享了一個強而有力的故事：他和家人在卡崔娜颶風過後逃離紐奧良的家園。他無力解讀這場危機所帶來突如其來的衝擊，他也無法完全關閉、壓制自己的意識，以創造出解讀的心智空間。透過這次經驗，比格內了解到要解讀與傾聽更深層的聲音，需要具備使自己安靜下來的能力。

我坐在夜色之中，四周如此寂靜，我可以聽見自己。罩住耳朵，我在耳中聽見我的心跳聲。如此寂靜，這是我嗎？我是沉默的或者在說話？我如何能知道？我能知道這種事嗎？

——哈羅德・品特（Harold Pinter），《風景與寂靜》

在寂靜中，我們更能覺察自己的不適、憤怒或挫折、恐懼或焦躁。如果我們無法保持安靜，反而把自己的感官和思維都塞滿，便無法承認或面對我們內在的恐懼，聽見內在的聲音。寂靜中不僅存在著挑戰、對抗和某種空虛，還存在著改變的可能性與機會，一種與內在的廣袤相連結的機會。

正如無為並非沒有行動，寂靜亦非沒有聲響，而是關乎其他事物的存在：存在之道、傾聽的意願和可以休息的聽覺空間，類似於指揮家義泰・塔更傾聽間隙的能力。

黛安娜：我記得兒時曾在羅馬尼亞有過一個特別的寂靜經驗，事情發生在連夜大雪之後。我一覺醒來發現萬籟俱寂的冬季仙境，就好像戴著耳罩，過濾掉外界聲響。地上覆蓋厚厚一層深及半扇窗戶的雪粉，很容易讓人陷入彷彿恍惚般的沉思狀態。我倚著窗邊靜坐，鼻子抵住冰冷的玻璃，望著仍在飄落、勉強能看穿的大片蓬鬆雪花。這種特別的寂靜引領我進入一種完全覺悟、感官敏銳的狀態，教導我何謂接納、保有耐心和活在當下。

◆

黛莉亞・斯巴塔利安努（Delia Spatareanu）描述了她在舒馬克學院（Schumacher College）攻讀整體科學碩士學位時，在為期五天的實驗期間所經歷的寂靜經驗。「我航行於寂靜的深海，可以感覺到漂浮的流動性與放鬆。水流帶領我蜿蜒地進入強大且誘人的接納之流。水流的推拉將水形塑成波浪。」她想要探索如何體驗寂靜，不是藉由隱遁到僻靜處，而依舊參與社區活動。「安靜的人通常是社區裡的邊緣人物。如果將他們放進忙碌擾攘的社區中，會發生什麼情況？」

黛莉亞不僅對自己的寂靜經驗感到好奇，也想知道與他人的互動如何因寂靜而改變。「那是箇中的美妙之處。置身於寂靜，就像漣漪般擴及我周圍的人。我與同事在大自然中散步，一起觀察寂靜。沿途中我們吸引彼此去注意我們所遭遇的不同元素，卻不需要言語溝通。這是一種強烈的經驗分享。我的寂靜實驗變成關乎人們與寂靜，以及人們與寂靜中的其他人的關係。結果極為療癒。」

寂靜讓靜默的內在聲音得以出現，幫助我們放慢腳步、再度適應環境，輕聲訴說我們還有時間。如果我們一直忙個不停，從不中止強行取得我們想要的結果，我們便無法聽見心中那個呼求不同生活方式的小小內在聲音。靜中獨坐有助於傾聽這個聲音。

> 寂靜像是承載著我們的努力和願望的搖籃，以靜默的開闊在工作中支持我們，同時將我們連結到每天忙碌拼命、想要有所成就之餘，尚未探查的更廣大的世界。寂靜是靈魂追尋自由的短暫休息。
>
> ——大衛・懷特，《渡越未知之海》

維琪・雷納（Vicki Renner）在海外擔任一年的志工，二十歲出頭時返回澳大利亞家鄉。她做了職涯中想像要做的一切事情：在別的國家工作、從事社區發展、協助婦女提升健康、教育和機會。她花時間教授她們英語，離開時感到悲傷，她相信社區發展是她的未來。她每週撰寫關於她生活了一年的國家的故事、日記條目、回應和生動的描述。

維琪返回墨爾本後，修習了國際發展課程，並獲得一份失能服務的工作。她毅然決然朝向她為自己鋪設的道路前進，相信這是出自她的興趣和社會正義感。然而，維琪卻發現自己逐漸變得粗暴、性情乖戾和好鬥。「有時我會對家人大吼大叫，怒氣沖沖地跺腳。到底出了什麼問題？為何一切都按部就班，但我卻快樂不起來？我開始為自己的待人處理方式感到羞愧，可我還是拋開痛苦、繼續勉強下去，讓自己變得越來越忙碌，以便淹沒從我的思維圍牆裡探出頭來的小小聲音。」

某天，在特別激烈的怒吼爆發之後，她獨自坐在沙發上。「我躲避其他人，不開電視和收音機，也不想合理化我的行為或解釋原因。我轉而靜心自問：『你到底有什麼毛病？你為何這麼生氣？你為何這麼可悲？』這時我看見一條不停延伸的路出現在眼前，裡面充滿了我多年來規劃的所有事情。我只感覺到驚駭與恐慌。望向遠處，這條路變得狹窄且無處可逃，我不想要這樣的道路。『那麼，你想要什麼？』

我問自己。這時似乎有個細小的聲音從沙發後方浮現，跟我說：「我只想要寫作。就這樣，我只想要寫作。」

隔天，維琪退出國際發展課程，不久後報名加入寫作與編輯課程，展開她生命中最愉快、最能實現抱負的兩年。

靜默的內在聲音，比我們以為的知道更多。它只關注我們心裡最在意的事。我們的有意識自我，充滿噪音和喧囂，自以為知曉一切，但其實深受外界信息和恐懼的影響。不過內在聲音並不會因此而分心，它只會在寂靜之中被聽見。

孤寂

我不曾找到比孤寂更好相處的同伴。

——梭羅，《湖濱散記》

孤寂如同寂靜，在現今的網路世界中被低估與誤解。孤寂時常和寂寞相提並論，被視為與孤單和不快樂有關。但孤寂其實是每個偉大的冥想傳統和宗教的基石。摩西、耶穌、穆罕默德和佛陀都藉由避世隱遁而獲致精神與洞察力。各個時代的隱士莫不選擇遠離文明，以培養出與屬靈事物的深刻關係。然而，一如作家、神學家暨神祕主義者托馬斯・默頓在《爭議性問題》（*Disputed Questions*）的篇章〈孤寂哲學注解〉（*Notes for a Philosophy of Solitude*）中所言，「並非所有人都有成為隱士的感召，但所有人的生活中都需要足夠的寂靜和孤寂，才能讓真實自我的內在聲音偶爾被聽見。」

黛安娜：對我來說，孤寂並非關乎孤單一人。即便只是回到房間，或某個安靜的地方，「遠離狂亂的世界」對我也有幫助，我通常無法走開。

孤寂是關於和自己連結，藉以維持自身的能量。如同帕克・帕爾默（Parker Palmer）在《隱藏的整全》（A Hidden Wholeness）中所書，「孤寂不必然代表離群索居，而是意味著過著從未遠離自我的生活。孤寂無關乎他人的不在場，而是關乎完全面對自我，無論是否有旁人相伴。」

完全面對自我，意味著處於與自我的關係之中，如此一來，當我感覺到來自各方的拉扯，以及因不同的期望而憂心時，也能更加自信穩重。這些年以來，我學會先暫時跨出行動之外，然後才能與內在世界連結。即便在最劇烈的處境下，這種縮放的能力也能創造出片刻的孤寂空間。

像這樣的片刻曾發生於二〇一七年二月，在伊斯坦堡舉行的人力資源高峰會議上，正當我要發表演說，準備上臺的時候。首先，我拉大焦距，從上方用鳥瞰的角度觀看著泰然自若、準備採取行動的自己。接下來我拉近焦距……感覺到自己快速跳動的脈搏、流汗的手掌、重心從一條腿移至另一條腿……然後時間變慢，一切都變慢……純然的靜止。我完全面對自己，從我的腳底到我的心跳。我感覺到平和以及徹底的連結。

像這樣從片刻孤寂中獲得的能量，帶我度過兩天的會議。它們創造出開闊的視野，使我能夠自我專注、保持沉著，不被周遭壓力的洪流沖垮。

◆

孤寂的好處長久以來被研究與書寫。精神病醫師安東尼・斯托爾（Anthony Storr）在他一九八八年的《孤寂》（*Solitude*）一書中主張，孤寂是自我復原、創造力和洞察力的關鍵因素。其他許多研究者都已證實了孤寂帶來的好處，例如創造力、親密感和靈性價值。對心理學家亞伯拉罕・馬斯洛（Abraham Maslow）而言，欣賞孤寂的能力是充分發揮自我潛力者的明確特徵之一。心理學家米哈里・契克森米哈賴（Mihaly Csikszentmihalyi）將處理孤立狀態和享受孤寂的能力，與快樂和流動相關聯。

孤寂是關於創造空間與自由的經驗，儘管受限於角色和外界的期望。米開朗基羅是出了名的「孤寂愛好者」，他拒絕在嘈雜的傳統作坊中工作，而偏好在安靜的工作室裡從事他的雕塑創作，那是一個通常用於閱讀、寫作和思考的私人空間。在

《新千禧年的米開朗基羅》（*Michelangelo in the New Millennium*）中，藝術史家尤斯特・基澤（Joost Keizer）指出，藝術家於孤立中工作的概念，在文藝復興時期曾遭遇某種程度的抵制。米開朗基羅的隱遁「關係到某種瘋狂，不必然與藝術家的崇高狀態有關。」就連達文西也曾警告米開朗基羅，說他可能被當作瘋子。米開朗基羅非但無視於達文西的建議，反而將這瘋狂的斷言當作對他有利的條件。「隱遁到僻靜空間的私密境地，使他忘卻贊助人的世界、截止期限、地點以及當時規範著傳統藝術創作的用途。」基澤寫道。

快速進入二十一世紀後，情況並沒有太大改變。如果我們選擇孤寂而非忙碌，或許不會被叫作瘋子，但偏好獨自工作，仍會在現今的主流職場中遭到抵制。我們過度強調社交技巧、合作和團隊精神，〈安靜〉（*Quiet*）的作者蘇珊・肯恩（Susan Cain）表示，該篇文章發表於《紐約時報》。「我們的公司、學校和文化受制於一個我稱之為『新群體思考』的概念，認為創造力與成就出自於大家古怪聚集在一起的場所。如今我們大多數人都以團隊的形式，待在沒有隔牆的辦公室裡，替重視人際技巧勝過一切的負責人工作。孤單的天才已然出局，合作才是目前的王道。」

然而，我們不必為了享受孤寂的好處而犧牲團隊合作。在現今的職場，我們面對複雜的挑戰，社交和孤獨技巧都是有創意和有效處理問題所不可或缺的。孤寂或許顯得反文化，卻讓我們更容易善盡對自己和別人的責任。

「當人的內在聲音變得可聽聞……結果，更能清楚回應其他人。」

——溫德爾・貝里（Wendell Berry），《人為何而生？》

我對我的靈魂説，平靜下來，要無所期盼地等待
因為希望會是對錯誤事物的期盼；要無所愛地等待，
因為愛會是對錯誤事物的愛；但信心仍在
但這信心和愛和希望全都在等待。
要無所思慮地等待，因為你還沒準備好要思考：
所以黑暗必為光明，而靜止就是舞蹈。

—— 艾略特，《四首四重奏》

等待

◆

黛安娜：「好東西歸給等待的人。」曾有一段時間，對我而言是共產主義毀了這個說法。我出生於一九七〇年代的羅馬尼亞，當時排隊是一如吃飯睡覺的例行公事。人們每天花幾個小時間等候購買牛奶、麵包、衣服和汽油之類的必需品。此事極浪費時間，尤其在五個小時的等待之後，當你來到隊伍的前頭，卻發現商店的補給品已經罄盡的時候。排隊等候是不是浪費「時間」，取決於我們所期待和願意忍受這事物的重要性。

我在等待之中成長，在那些最好的日子裡等待是件不舒服、累人且無聊的事，其他時候也令人極為痛苦。我與等待之間存在著負面的關係，我不想等待，我討厭等待。我渴望擺脫這種束縛。

我記得為了準備七年級的考試而讀書，我在排隊買蘋果時將書本放在手上掂重量。我還記得停電幾個小時後，在黑暗中等待復電的日子：政府拼命採行節約能源政策，強制所有城鎮每晚停電幾個小時。我至今仍清楚記得為了麵粉在雪中排隊，腳趾慢慢變麻木的經驗。

◆

「我咬緊牙根、握緊拳頭，血液衝向頭部，我的太陽穴開始抽痛。我閉上雙眼試著放鬆，但全然無用。我全身因壓力而緊繃，實在難以忍受！我要如何撐過去？我陷入絕望的感覺。

我沒有訴諸平時的應付辦法，強忍著等待的不舒適和無聊。我決定嘗試不同的辦法，反正也沒有什麼好損失的，所以我決定深呼吸。

我做了幾次深呼吸，試著進入放鬆狀態。再做幾次深呼吸……一次、兩次、三次、四次、五次……我扭動僵冷的腳趾，開始原地跺步。一次、兩次、三次、四次、五次……我的雙手也覺得很冷。我在冒著長長蒸氣的呼吸中，從肺裡吹送出溫暖的空氣。一次、兩次、三次、四次、五次……沮喪感開始消散。我完全意識到在排隊的人們，對於他們在現場的惱怒，轉變成一種舒服的感覺。我們此刻是在一起的。我對於排隊的人能有了新的連結感，沒有面孔、穿著外套的人們一起在呼吸，蒸氣在寒冷的冬季空氣中升騰。時間和距離失去了意義，一切似乎以慢動作在進行著。我的緊張狀態消失了，我不再緊抓著什麼或者想要控制。」

就這樣，我在十二歲時與等待和解。

當我們置身於一般的等待情境，例如交通阻塞、期待某通電話或擔心健康檢查的結果，會體驗到不同的感覺，不光是無聊和挫折，還有恐懼、焦慮以及擔心。這些自然產生的感覺突顯出我們在意的事物，是我們應該傾聽、承認並與之為友的感覺。然而這種發出低鳴聲的「壞感覺」，也是我們厭惡等待的原因之一。我們不想覺察這些情緒，甚至不願承認。「等待」跟它的表親「無聊」，使我們觸碰到最深刻關切與在意的事物。

我們過度強調活動、完成事情和掌控，盡一切可能想要避免經歷被動與等待。有則老笑話是這麼說的，某個人被送往地獄後，被囑咐要待在等候室，直到接受傳喚。她等了又等，望著四堵牆壁，無事可做。她不時詢問何時會被喚入地獄，每次都被告知「快了，快了，不用多久。」最後，歷經幾年的等待，她明白根本沒有地獄，至少沒有其他的地獄。她不會被傳喚到任何地方，這種無事可做的等待便是地獄。聽完這則笑話的瞬間，你會發現光是想起這永無止盡的等待，就足以讓你毛骨悚然。

維琪被診斷出罹癌的那週，是她所曾經歷最奇異的等待時期之一。例行的乳房X光攝影和超音波檢查顯示，她的右乳房出現陰影。維琪去看她的外科醫生，確信是纖維腺瘤，並且知道不是惡性腫瘤。為了證實，醫師替她預約進行她先前曾做過的粗針切片檢查。維琪並不擔心。「我不記得那次經驗了，從發現陰影到約診以及踏進檢驗室進行切片檢查，其間大概超過一個星期，但彷彿不曾發生過。我不記得那段日子，因為我沒有等待任何東西。我繼續過我的生活：申請研究工作、了解朋友的近況和陪伴家人。我不知道有什麼好等待的。」

一直到有位好心的護士近身對她說：「不久之前我曾經害怕得到乳癌，可是我現在沒事了，所以我相信妳也會沒事。」這番話令她感到不安。「我想是害怕這兩個字和不久之前恐懼的心情如此貼近，使我沉重地想到我原本可能深入內心觸碰此事。在那個當下，我明白上回我有可能罹患癌症。一旦這種領悟傳遍全身，我相信情況正是如此。」

維琪記得接下來的三天度日如年，彷彿將一隻腳慢慢抬到另一隻腳前面，不瞻前也不顧後。她記得說過需要別人幫忙她提起洗衣籃，由於進行粗針切片檢查，她接連三天不能提重物。她無法舉起她的小外甥摟抱一番，所以得請人將他放到她的大腿上。她將她的恐懼隱藏在小小的微笑背後，而且不大聲談論，惟恐它在她知道真相之前變成真實。這種等待比起她先前所曾經歷過的任何事情，來得更加強烈且可觸知。

「這種等待既痛苦又有趣。它發生在手術、化療以及藥物即將闖進我的生活前的最後三天。那時秋葉紛紛從樹上搖曳掉落，在此之前我還擁有生命中牢靠的事物，例如使我保持忙碌與分心的工作或伴侶。當時還沒有社群媒體，我讓那段時間將我團團包裹住。我專注於生命中所有的美好事物，因為我需要記住它們。許多事情變得異常清晰：我在意的事、我想花時間做的事，以及我多想更加投入於我的情感關係。

等待的過程也是痛苦的。每走一步、每個擁抱、每一杯咖啡，都在一切即將改變之前一個一個消失。雖然我心底懷抱著小小的「或許」，但我仍相信我得了癌症，我明白我所愛的每個人很快也會知道。等待發現真相是極其痛苦的事，因為我知道它將永遠改變家人的生活。

那個星期四晚上，我和父母親看完電影回來，我看著紅燈在閃爍，明白這是我一直在等待的信號。母親和我留神傾聽，幸好她一無所知，我感覺胃裡有個知曉事情的硬塊。我不害怕即將發生的事，只覺得它終於到來，讓我鬆了一口氣，終於可以接著步入人生的下一個階段。」

在辛苦等待的三天之中，維琪在更深的層次上改變了自己。等待給予她面對事情的機會，承認她內心想要的生活方式。用活動來分散注意力，可以保護我們免於與等待相關的不舒適感，分心則能阻礙全面體驗和表達潛伏的情緒。但若不逃避這種不舒適感，我們就能及早認清我們的慣性反應模式——伴隨等待經驗而來的想法、感覺和身體知覺，並且更深思熟慮地加以處理。

> 等待可以是一切人類經驗中最強烈深刻的經驗，這種經驗勝過其他所有經驗，剝除掉我們的裝模作樣和自欺，向我們展現我們真正的需求、價值與自我。
>
> ——范斯通（W.H. Vanstone），《等待的境界》

不同於酬賞行動和輕視等待的西方文化，原住民文化接納等待，並且認為等待具備精神、情感與關係連結層面上的價值。在澳大利亞，傳統原住民的習俗蘊含耐心和守候大自然的平靜。這些事情反映在身為藝術家、部落長老暨北領地戴利河

（Daly River）畔的聖法蘭西斯・賽維爾學校（St Francis Xavier School）校長蜜莉恩—羅絲・烏干默爾—鮑曼（Miriam-Rose Ungunmerr-Baumann）的文章——〈省思〉（*Dadirri*）：

「我們的原住民文化教導我們要靜默與等待。我們不會嘗試催促，我們讓事情順其自然發生，就像四季一樣。我們觀察各種月相的月亮，等待雨水填滿河流和澆灌乾旱的土地……當暮色降臨，我們準備過夜。黎明時，我們隨同太陽起床。

我們觀察叢林裡的食物，等待它們成熟然後採集。我們等待年輕人按階段成長，完成他們的成年儀式。每當有親屬去世，我們便長時間哀悼守候，我們擁有自己的悲傷，並容許它慢慢被療癒。

我們等待正確的時機舉行儀式和集會。合適的人必須出席，一切都得以適當的方式完成。事先必須做好周到的準備。我們不介意等待，因為我們希望細心完成事情。有時在重要儀式之前，我們會花費許多時間進行身體彩繪。我們不喜歡倉促行事。沒有什麼比我們在意的事更重要，也沒有什麼更急迫的事，讓我們必須為之匆忙。」

◆

史蒂文：孩提時代的我缺乏耐心。父母親告訴哥哥和我，得吃完晚餐才能吃甜點。當時固然覺得洩氣，但我現在明白這種延遲滿足的作法對成年後的我大有幫助。事實上，我的個人經驗，也呼應著史丹福大學在一九六〇年代後期和一九七〇年代初期著名的棉花軟糖實驗結果。研究人員發現，能夠等待更大份的獎勵，而不立即屈服於較小誘惑的孩童，日後會有更高的學業成就，而且身體更加健康。這不僅關乎自制，也關乎相信未來的承諾或期望能夠實現。

等待具有某種令人既痛苦又興奮的性質，例如等待生日、朋友的來訪、假期來臨或父母親回家。等待過程中尚未實現的期望，幾乎就像此刻已獲得報酬般令人滿足，甚或更加甜美。等待本身變成了有價值的東西，值得細細玩味。

這些年來我與等待之間的關係已然改變，主要因為我不再執迷於等待一詞本身及其相關意涵。如果我的火車或班機遲到誤點，那麼我就閱讀、觀察別人或者乾脆享受無所事事的感覺。我欣然接受空檔作為休息的機會，而非視之為麻煩不便。

當我們身陷必須有所作為的壓力中，往往會過度意識每一個時間空檔：排隊等待、通勤時等候紅綠燈或延遲的列車。對於行動至上的人來說，這些空檔的缺乏效率令人受挫，所以我們會在等待時查看手機，或者在通勤時安排通話。但如果我們對無為感到自在，大可將這些時刻看作機會，去除挫折感，卸下等待的重量，讓等待的經驗變得更輕鬆。

◆

隨著我們的世界越轉越快，跟上步伐的壓力變得更難以抗拒。沒有人想要落後，或看起來像沒在做事情，或只是處理手邊的小問題。然而正是在這種背景下，等待才能創造出讓我們跟上自己的空間。我們不需要屈服於令人頭昏眼花的速度、在興奮之餘倉促採取行動、遽下結論或突然做出決定，我們可以等待觀察事物的形成：新資訊的浮現、型態的演變、想法的孕育、機會的顯露、資源的可得以及關係的發展。

等待作為一種負能力，並非死氣沉沉或消極被動，而是生氣勃勃且具有生產力的狀態。如果我們能忍受不舒適感，克制想要採取行動的壓力，耐心地等待能讓我們獲得牢固的基礎，使我們觸及我們的核心並開啟充滿可能性的空間。我們就能透過等待而學習，享受等待給我們的禮物，豐富我們的意義與決策，並在未知中耐心指引我們的腳步。

深度傾聽

藉由傾聽，我說，我發現到比我所曾想到更多的東西。

——瑞秋・卡斯克（Rachel Cusk），《轉變》（Transit）

在步調快速的職場，傾聽被低估且未被充分利用。我們重視說話勝過傾聽，並且獎賞大聲說話的人。舉例來說，在會議中的發言往往與能力相提並論，而不發言或沒有為談話出力，則被歸類為缺乏自信和能力。我們對於行動懷有強烈的偏好，因而錯失了可以讓我們更深刻理解事件的背景，以及所面臨的挑戰的重要資訊。

如果我們看重做事勝過思考、行動勝過觀察、說話勝過傾聽，便會冒著錯失環境智慧的風險。在紀錄片《河流與潮汐》中，如同安迪・高茲渥斯與環境的協調，所說的「石頭在說話」。如果沒有傾聽，他就無法利用環境所提供的材料，進行創作。同樣的，如果沒有能力透過開放性和好奇心來與環境保持和諧，便無法有創意和有效地與我們所處的背景接合。

伊莉莎白・柏德瑞克（Elizabeth Broderick）是澳大利亞性歧視委員會的前委員。在她二〇一六年的報告〈文化變遷：澳大利亞聯邦警察性別多樣性與包容〉中，她概述了在命令與控制的環境中運作所面臨的挑戰，並告誡在「了解系統性失效的成因，而不只是症狀之前」，不要倉促處理性別議題。柏德瑞克力勸警方人員先傾聽，尤其是傾聽他們周遭的故事。就文化改革方案而言，她表示，最大的風險在於「未經傾聽、反思和完全理解的領導」。深度傾聽是在複雜、不確定的環境中運作的關鍵技巧。

心理學家格雷格・麥迪遜（Greg Madison）一生致力於教導大眾自我覺察與深度傾聽的技巧。對他而言，傾聽是一種公民讀寫能力，相較於民主，他視之為比普通選舉權更基本的技能。二〇一六年，麥迪遜創設「世界傾聽日」（World Day of Listening），藉此機會練習與頌揚「人與人之間基本的傾聽注意力」。即使麥迪遜說世界傾聽日不具備特殊成果或產量，但他在網站中描述其目的為「微妙溫和地回應一個日益喧囂和快速的世界。」對麥迪遜來說，這天是「我們接收的一切『輸入』的對比……讓別人看著我們，保持足夠時間的靜默，直到我們有機會感覺自己被聽見。」

世界傾聽日是一項簡單但慷慨的付出，讓人們面對彼此，而毋需做任何事。這種不將言語強加於彼此，克制干預的能力是一種負能力。透過看似消極的參與和缺乏輸入，我們得以創造出強大有力的學習空間。深度傾聽是澳大利亞原住民文化的核心。多年以來，蜜莉恩—羅絲・烏干默爾—鮑曼一直在傳播關於深度傾聽的訊息。這項被視為澳大利亞原住民賜給所有澳大利亞民眾的特殊贈禮，稱作 dadirri，意思是「內在的深度傾聽，以及沉默靜止的覺知。」

「按我們原住民的方式，我們從很小便開始學習傾聽。除非我們傾聽，否則無法過有益的好生活。這是我們正常的學習方式——不是藉由問問題，而是透過觀察與傾聽來學習，等待，然後採取行動。我們的子民以這種傾聽的方式生活超過四萬年。」

◆

黛安娜：幾年前，我受邀和一群原住民長者，以及在愛麗斯泉（Alice Springs）以北偏鄉的青年服務組織社工人員合作。我的任務是促成一個外出交流日，讓團隊可以省思這一年來所學習的功課，並為來年進行規劃。我的目的是用放鬆的方式與團隊合作，沒有固定的議程，而是對當下出現的議題做出回應。

當天早上，我們在討論社區年輕人面臨的問題，團隊決定外出，坐在會議室外面的草地上。我們各自找到位置坐下來。歷經幾分鐘的沉默之後，團隊裡的某位長者開始分享故事。從外觀察這個團隊的人，不會注意到任何不尋常的事，只會看見有些人散坐於草地上，有一個人在講話，其他人在聆聽。可是我卻有超乎尋常的體驗。

長者說了一會兒話。她描述某位年輕的原位民男子，在參加該組織舉辦的灌叢技能計畫後，生活起了何種變化。藉由與土地、儀式和瓦爾皮里族（Warlpiri）語言的連結，他的原位民族群和這位有嗅油癮頭的年輕人，正朝向康復之路進展。她強調讓這些處境危急的年輕人，培養對土地更深刻的連結與了解、提升他們的自尊心和改變有害行為的重要性。這些話以平靜謙遜的方式被強力地訴說。每個人都用我未曾體驗過的品質和強度在傾聽，感覺起來彷彿這種傾聽創造出一個空間，使我們維持在充滿活力、能量高漲的覺知狀態。讓我得以與她的談話、她的身體語言，以及鳥鳴聲和棕櫚樹葉的窸窣聲響和諧一致。

團隊的動態發生戲劇性的改變，從討論議題、提問、綜合浮現主題所呈現的有為態度，轉變成分享由強大的傾聽能力所佔據的故事。這時我對 dadirri 的理解已經超越了智識的程度，進而體驗到那種「形於內、深度傾聽以及沉默靜止的覺察」力量。深度傾聽的本質維持住當天其餘時間的談話。

◆

我們也能從音樂世界和本章先前提到的以色列指揮家，義泰・塔更的經驗中領略傾聽的力量。義泰稱呼聽眾的傾聽角色為「主音傾聽」。這是主動而非被動的角色，聽眾藉由這個角色出力且影響管弦樂團的演出。聽眾裡的傾聽者或許顯得被動，但他們在傾聽的行為中協助共同創作演出。這種矛盾的能力直指無為的核心：在言語闕如和不被強迫開口說話的情況下，透過我們的專注與傾聽，能對周遭環境產生正面的影響。

義泰指出如果站在前方的指揮家能傾聽身旁的一切，便能培養出一群傾聽者。指揮家自己需要成為主音傾聽者，傾聽周遭在場所有層次的聲音——物質的、情緒的、精神的、政治的，無一遺漏。「創造音樂是每位管弦樂團團員和聽眾的責任。意義不單由專業人士來提供，而是有一種積極傾聽周遭一切所創造出來的溝通圈，包括樂團團員彼此傾聽，藉以喚起人們在各層次的持續對話。」

對英國的領導力培養顧問查羅・加爾森（Charo Garzón）而言，創造深度傾聽的空間在她的工作中扮演著重要角色。她的客戶奧斯卡（化名）是某大型組織的執行長，即將從事一項複雜的組織變革任務。某位同事建議他撥出一些時間想想變革的事，並提供他查羅的詳細資料。首次會面期間，查羅提議他用一整天的時間，不受辦公室的打擾，只專注於變革事宜。查羅提供給奧斯卡的結構化思考方法，具備三種獨特的模式：對話、基準化分析以及有生產力的思考空間，其間查羅深度傾聽顧客說話，不予以干擾。經過這一整天的思索後，奧斯卡將能決定何種形式與程序，最適於探索變革的不同層面。

儘管奧斯卡偏好頭兩個選項，但查羅建議他們先嘗試第三個選項。她的經驗是，在忙碌的職場，領導者鮮少體驗到他們真正被傾聽，和支持他們具有生產力的思考環境。「我解釋一個近乎缺乏外部輸入、看似簡單的形式，其力量可能出乎他意料之外。如果三十分鐘過後，他發現這麼做沒有益處，我們總能轉而諸訴對話，還有基準化的分析形式。」

查羅一開始先問了奧斯卡一個問題，刻意用來引發他的獨立省思，並保證不打斷他的思考。這突顯出無為往往需要透過決心或承諾，以便抗拒有為的習慣。「將近兩個小時後，奧斯卡仍在思索，重新以不同的方式思考好幾個月以來他一直在仔細考慮的事。當他做出結論時，他傾身往椅背上靠，說：『這是幾個月以來頭一回沒有人提供我建議，或者設法要我接受他們推薦的作法。』」

奧斯卡深思此次經驗，分享了起初他對於僅僅是深度傾聽所抱持的懷疑。完成變革多年之後，他回想這次經驗，依舊認為這是他為深具挑戰性的組織變革工作開啟新觀點，最有效的方法之一。比起接受別人的提問或建議，全神貫注的深度傾聽對他更有幫助。

正如查羅，我們也能培養傾聽事物精髓的能力，而毋需操縱、鼓吹或控制結果。身為傾聽者，我們必須允許話語如河流般暢所欲言。干擾其流動就像設下水壩。我們必須相信言語之河知道它的目的地。

我們是河的子民。我們無法催促河流，必須跟著它的水流移動並了解它的去向。

——蜜莉恩－羅絲・烏干默爾－鮑曼，〈Dadirri——省思〉

無聊

無聊可視為無事發生的空白時間，或無事可做的時候，這時我們的心思不忙著解決問題、回答問題或從事規劃。當電話關機、電視靜默下來，沒有事情在進行時，我們可能對於接下來要做什麼而感到焦躁不安和不確定。無聊就是活動之後與之前的狀態，此時彷彿感覺我們的存在沒有目的。無聊也是許多從事高度重複性工作者生活中的一項現實，例如從事裝配線上的工作。

許多作家、藝術家和科學家都讚頌無聊的益處。在接受東英吉利大學（University of East Anglia）特雷莎・貝爾頓（Teresa Belton）的訪談中，脫口秀藝人暨演員梅拉・斯爾（Meera Syal）表示，無聊促使她從事寫作，也是她發展成作家的主要動力。斯爾談到在她成長的採礦小鎮裡沒有什麼事好做，只好花許多時間注視窗外，凝望天氣和季節的變化。由於別無他事可做，她開始寫日記，裡面塞滿著想法、觀察和詩句。在《論接吻、呵癢與無聊》（*On Kissing, Tickling and Being Bored*）中，精神分析學家亞當・菲利浦斯（Adam Phillips）描述無聊的狀態是「我渴望某種東西」和「我什麼都不渴望」。他認為「這種模稜兩可，說明了無聊的古怪麻痺感。」由於我們將無聊與不愉快的經驗聯想在一起，所以盡可能不遺餘力想要避免無聊，因而錯過無聊的好處。

無聊這回事，如同作家面臨的空白，存在著極大的可能性。作家們允許空白流經自己，直到浮現新想法和想像力。對小說家費茲傑羅（F. Scott Fitzgerald）來說，無聊是他作品的早期發展階段。「你得經過、越過或穿過無聊之後，才會有清楚的作品浮現。」同樣的，當作曲家朝窗外凝望，看起來顯得無聊時，他們可能正聽見腦中一段新編的音符，一種創作音樂的新方法。對約翰・凱吉（John Cage）來說，做些無聊的事是獲得點子的辦法。「以這種方式作曲，藉由無聊的作曲過程引發點子，最後讓點子像鳥一樣飛進腦中。」

在〈無所事事與無事可做〉（*Doing Nothing and Nothing to Do*）中，曼弗雷德・凱茨・德・弗里斯（Manfred Kets de Vries）表示無聊的價值在於提供空間，給大腦右半球的直覺、整全和隨機運作，特別是建立無意識的心智漫遊。他認為在不活動的期間，亦即我們什麼事也不做，或感到無聊時，我們比較不會受到傳統思維的限制，因此比起有意識地專注於解決問題時，更可能產生新奇的概念。

我們應該欣然接受和培養的正是這種漫遊的無聊。如果我們給大腦不做事的空間和時間，便提供了讓概念成形、過濾噪音和覺察的空間。如此一來甚至能幫助我們在最複雜的問題上獲得進展。

無論我們是否因為太多作為而感覺到過勞、有壓力，或者想為新計畫找尋新點子，一點點無聊或許正是我們需要的東西。我們可以坐在公園長凳上無所事事，不光休息，而是邀請無聊進駐。別只是坐上一兩分鐘看河流，何妨觀察它一個小時，讓河流的步調成為我們自己的步調？擺脫心神不定，如如不動，讓心思漫遊做做白日夢，對可能浮現的事物保持開放的心態。

做事情的

無聊節奏

一再重複，

搬木柴、

烘乾碗盤。

諸如此類的小事。

——瑪格麗特・愛特伍（Margaret Atwood），〈無聊〉

聖殿

在你的感官中避難，對你匆促完成的小小奇蹟打開心扉。

——約翰・奧多諾赫（John O' Donohue），《感謝我們之間的空間》

◆

黛安娜：我向來喜歡鷹。牠們體現了冷靜、平衡和高瞻遠矚的強力組合。牠們屬於這世界，卻又似乎卓爾不群，在雲間翱遊，自由自在、無畏無懼。我希望我也能乘風滑翔，高懸於地面之上，在行動時如如不動。我忌妒牠們的自由。有時我渴望擺脫日常生活中的責任和憂慮。讓風帶著我任意飄揚，讓我流暢地完成一件又一件的任務，不受結果的羈絆，輕鬆且無憂無慮。

我渴望平靜，但不想自我孤立。我如何能將翱翔的安詳平和帶進忙碌的生活中，同時又保持連繫、精力充沛和投入？我發現自己會在車子裡找尋庇護所。在路上時，尤其是夜晚，不同性質的平靜會從中浮現。每當從擋風玻璃望向車頭燈照射下的狹窄馬路，我更容易觀照內在的自我。白天時原本不會浮現的事物此時被照亮，一段雅緻的舞蹈隨之而起，在外在與內在世界之間翩然舞動。

我在大自然中尋找聖殿。我可以好幾個小時與山林樹木為伍，不知怎的，我那瑣碎的工作壓力，和對生活的憂慮就此悄然而逝。當時間靜止，一切都無關緊要了。我的步履變得輕柔隱沒，呼吸緩慢下來，內心裡的喋喋不休得以暫止。在森林的靜謐中，我重新調校自己，與更深邃、更開闊的自我感重新連結。

◆

如同我們在第二章所探討的，無論我們的生活境況如何，是否照料著年長的父母、努力應付複雜的挑戰、帶領團隊度過改組、或者在我們高度關切的議題上發揮領導力，都可能很快被責任的洪流席捲。我們被只能擇其一的優先順序東拉西扯，弄得身心俱疲、情感枯竭。

我們需要一座能夠讓自己找到些許空間的聖殿，幫我們抵擋在生活中扮演的角色：女兒、丈夫、朋友、負責人、鄰居等等，所帶來的種種壓力。我們需要一些場所、空間和活動，好讓我們能從別人生活裡扮演的角色中解放出來。我們需要認識在這些期望之外的自己。如果沒有聖殿，我們將無法過著有目的和意義的生活。

◆

黛安娜：在海灘上，我陶醉於浪濤聲，讓身體埋進沙堆。「要迷失你自己：縱情於臣服，迷失在你的懷抱、迷失於世界，完全沉浸在此時此刻，好讓周遭的一切消退。」雷貝嘉・索尼特（Rebecca Solnit）在《迷路實地指南》（*A Field Guide to Getting Lost*）中如是說。我在臥室裡找到平和，那是我在家中最喜愛的空間。我一直喜歡出自吳爾芙（Virginia Woolf）《燈塔行》（To the Lighthouse）的這個段落：

「此刻，她毋需思想任何人。她能做自己想做的人，做自己想做的事。她現在常常感覺到有需要的是思想，甚至於不思想。保持靜默；保持孤獨。一切存在、一切作為都在擴展、閃爍、發聲、消散：人帶著莊嚴的感覺，收縮成自我，收縮成楔形的黑暗核心，成為別人看不見的東西。」

在我的臥室，我可以存在而不背負其他任何壓力和期望。我可以不帶評斷或不受羈絆，抖落一天裡的所有事情。即使只有幾分鐘的孤寂，也能讓我重新振作。我不需要退隱，便能接通到吳爾芙強而有力描述的「黑暗核心」。

◆

無聊可以是某件事情的前奏，可能觸發人們的想像力和創意，而且與期望緊密相關。無聊也可能代表內心想要尋求潛在新管道的欲望，這個新管道也許更有趣、更刺激。以不同方式重構之後的無聊，可視為一種交界的空間，一種逼使我們尋求陌生事物的重要資源。

——曼弗雷德・凱茨・德・弗里斯，〈無所事事與無事可做〉

第5章 放開堤岸

長者說我們必須鬆手放開堤岸，進入河流中，

張開雙眼，讓頭浮在水面上。

——據說出自一位霍皮族印第安長老

後退

每個行動都處於懸崖的邊緣；每個片刻或行動都將你帶到無限的邊緣。

——傑夫・岱爾（Geoff Dyer），《搜尋》

二〇一一年三月十一日，日本發生有史以來最大的地震，引發巨大海嘯襲擊福島附近的海岸。這些事件迅速造成不可預料、全然陌生的情況，沒有人能為此做好準備。海嘯導致福島第一核電廠有三個反應爐核心熔毀和爆炸。這是繼一九八六年車諾比核事故後最大規模的核災難。同時間，另一項危機在姐妹電廠福島第二核電廠展開。

就技術問題而言，這兩座電廠面臨的挑戰是冷卻反應爐，當時大部分電力來源已被海嘯摧毀。第二核電廠遭遇嚴重損害、淹水和電力損失，以及圍阻體完整性受威脅，但它躲過第一核電廠的命運。在〈另一座福島核電廠如何倖存〉的文章中，蘭杰・古拉蒂（Ranjay Gulati）和共同作者將第二核電廠的倖免，歸功於核電廠負責人增田直宏及其團隊採取了意義建構的程序。增田抗拒立即行動的壓力，他讓自己後退、仔細思考對於此次災難的認識，並拼湊出描繪其危險的圖表。該圖表讓團隊得以評估情況，且讓他們知道隨著事情的演變，該採取何種行動。

作者描述，當增田在圖表中加入新線條時，「他克制住發表激昂演說或發布命令的衝動，選擇等待和書寫。極少人能在增田的處境下保持如此的耐心。」這使團隊在每次取得新資訊時，能彙整出全新的解釋和計畫，藉由推斷過去和未來危機的理解，使已經發生的事變得可知曉，也讓尚未發生的事增加一些可預測性。

當人們期待立即的行動，或者當我們感受到迅速解決問題的壓力時，暫時的後退特別有用處。這讓我們可爭取更多時間理解問題、進一步蒐集資料和探索替代的介入方式。《火線領導》和《調適型領導》的共同作者隆納・海菲茲（Ronald Heifetz）、馬惕・林斯基（Marty Linsky）和亞歷山大・格拉索（Alexander Grashow），藉用**登上陽臺**，來隱喻對於發生在舞池中的行動，因為距離而取得客觀的觀點。待在陽臺使我們能與情勢隔離，看得見大局，並得以仔細思考真正在發生的事。這項技巧是透過反覆在陽臺與舞池之間移動，以確保我們在採取行動之前能維持觀察和洞視問題核心。「其目標是盡可能同時靠近兩個地方，彷彿你有一隻眼睛從舞池觀看，而另一隻眼睛則從陽臺往下望，觀察所有的行動，包括你自己的。」他們在《火線領導》中如此表示。

如果在核子緊急事故中，藉由後退來學習和考慮是有可能的事，那麼是什麼阻止我們在甚少涉及生死攸關決策的平常工作挑戰中運用這個方法？就像安迪・高茲渥斯，我們可以學會超然，完全沉浸於風景中，如此便能以活在當下、有生產力和創造力的方式，與我們身處的背景密切結合。

放手

通常是生活使你放手……疾病、危險、對愛感到失望……某些極端的事物迫使你擺出順其自然、放手的姿勢。

——法蘭西斯科・瓦雷拉（Francisco Varela），〈覺悟的三個姿勢〉

◆

黛安娜：我們來到羅馬尼亞和匈牙利之間的邊界。夜裡冷颼颼，月亮被雲層遮蔽。我的心臟在胸口裡怦怦跳，雙手冒汗。我嚇壞了，我在發抖。我們的車在另一輛正在接受邊境巡邏隊盤查的汽車後面。弟弟緊貼著我在後座睡著了，爸媽則保持沉默，試著不露出擔心的樣子。我們是下一個！「請出示護照！」我凝視黑暗，發現自己屏住呼吸。幾分鐘後檢查完畢後，我的淚水開始滾下臉頰。現在沒有回頭路了。

一九八七年六月二十六日凌晨兩點，羅馬尼亞革命發生的兩年前，生活以大手用力一揮，迫使我放手。一夜之間我們全家人變成政治難民，離開希奧塞古極權統治下的羅馬尼亞，拋下我們所知所愛的一切。接下來的幾天，我們開車穿越匈牙利，令人痛苦的寂靜降臨車內。當時的失落大到令人難以領會。我們終於尋求並獲得奧地利的庇護，在那裡停留了十三個月，等候澳洲政府批准我們的永久居留，並允許我們在墨爾本重新安頓下來。

這個失落的跡象至今仍存在：每當我聽見羅馬尼亞歌曲，淚水便不期然湧出；我依舊帶著故鄉的口音，儘管我的成年期全都在澳大利亞度過，還有，我固執地拒絕支持任何一支澳洲足球隊。

◆

無論我們去國離鄉、遭解雇或者承受失去心愛之人的痛苦，我們都別無選擇，只能放手。每當我們歷經改變，或處理複雜的問題或決策時，我們都在與未知面對面。正是在這時候，我們才發現自己處於邊緣——在《為什麼思考強者總愛「不知道」？》中，這樣的狀態稱之為世界盡頭，我們需要放開確定和熟悉的事物。

在《焦慮的概念》（*The Concept of Anxiety*）中，丹麥哲學家齊克果（Søren

Aabye Kierkegaard）探討當人們來到人生的十字路口，伴隨而來的巨大恐懼感。齊克果利用站在高樓或懸崖邊緣的人作為例子，從那裡他能看見生命的一切可能性。當他從邊緣往下看，他會體驗到墜落的恐懼，同時還有想縱身一躍的駭人衝動。齊克果稱之為「自由的暈眩」。凝望底下的空間，放手一搏似乎違反直覺，但這正是我們必須做的事。如同德國作家赫曼・赫塞所言，「有人認為堅持會使我們變堅強，但有時讓我們更堅強的，卻是放手。」

對英國極地探險家和耐力運動員班・桑德斯（Ben Saunders）來說，放手的能力使他達成難以想像的成績。在二〇一四年，三十七歲的桑德斯成為最年輕的北極單人徒步登陸者。他也曾帶領有史以來第一個返回南極之旅，重履了沙克爾頓爵士（Sir Ernest Shackleton）和史考特上校（Captain Robert Scott）的路線。桑德斯在一百零五天內總共行走了一千八百英里，或等同接連六十九趟馬拉松的距離。在莎拉・路易斯（Sarah Lewis）的書《崛起》（*The Rise*）中，桑德斯聲稱自己是「地理、身體和心理方面的極限探險家」。路易斯描述他如何放手不去控制無法控制的事物。在桑德斯試圖前進時，他停止掙扎對抗極端氣候條件和移動冰原的反向漂移。只有當他與風寒和痛苦和解，才能利用他所需的一切內在資源，達成難以置信的成果。「你顯然無法改變發生在這片嚴酷之地的任何事，但你會開始了解它的韻律和季節。」

我們可以從桑德斯的能力，學習到路易斯提到的「心理彈性」。放鬆掌控，不要抗拒我們當下面臨的任何事物，就可以培養出有用的能力。當我們放棄對抗和掌握一切的需求，便能信任以及對新的可能性抱持開放的態度。佩瑪・丘卓認為「不抓住任何東西」是快樂的根源。「當我們接受自己不是掌控者，自由的感覺也由此而生，同時帶領我們穿越原本避之唯恐不及的障礙和防護。」她在《讓你害怕的地方》（*The Places That Scare You*）中寫道。

澳洲伍倫貢大學（University of Wollongong）人文地理學副學士麥可・亞當斯（Michael Adams）透過自由潛水，將這種信任的能力提升至另一層次。自由潛水，或稱屏息潛水，是古老的潛水方式，一度盛行於許多海岸文化中，主要用於捕魚和採集海床上的貝類。麥可最喜歡的自由潛水地點是峇里島神聖的阿貢火山（Gunung Agung）山腳附近，那裡的黑色砂子和卵石沒入藍綠色的海水中，在離岸一百公尺處，海底持續下降。

在接受美國ABC廣播電台理查・費德勒（Richard Fidler）的訪談中，麥可描述在每次自由潛水之前，他是如何花時間放鬆，及消除肌肉的緊張。他仰躺漂浮，在心中播放披頭四的歌曲〈Let it Be〉，「順其自然」是讓他登峰造極的真言，使他全身充滿氧氣、拋開一切恐懼。接下來他盡可能輕柔地潛水。「儘量用最少的力氣，對抗你天然的浮力。」他在訪談中解釋。麥可閉著眼睛潛水以避免分心。下潛時他能聽見海裡甲殼動物發出的細碎聲響，還有舷外馬達逐漸減弱的噪音。當達到十公尺深時，他只是懸垂著自己的身體。

麥可在他的文章〈鹹血〉（Salt Blood）裡描述著：「那裡安靜、涼爽和深藍。在這個深度，身體承受水面兩倍的壓力：我的心跳慢下來、血液開始離開四肢，進入被壓縮的肺所形成的空間。我懸垂在浮力中和點，上方的水壓抵消了身體的自然浮力。」

接下來他轉頭向下，拉直身體。從那裡起，他完全不需要做動作，開始讓自然的重力拉著他朝地心下降，他克制住抗拒重力的誘惑。在四十公尺深、五個大氣壓力的水下，麥可讓自己被海洋擁抱，只感覺到些許壓力。他沒有緊迫感，反而覺得異常舒適，在這「生與死的交界狀態、平衡點」信任海洋。日常瑣事消退，他可以感覺到想要呼吸的衝動，但他已經學會如何克制這個誘惑。他知道他沒問題，並且感到自在。

「自由潛水的挑戰多半存在於你的腦中。」麥克在訪談中表示。一旦放開思考和控制局面的需求，麥可反而能與海洋的自然能量協調一致，信任他的身體可以辨得到。自由潛水期間，麥可啟動哺乳動物潛水反應，這是已知人類身體中最強大的自主反射。這種反射藉由優先將氧氣儲量分配給心臟和大腦，容許潛水者在水中待更長的時間。大多數人會戴潛水錶，以便切確知道自己的狀況和潛水深度，但麥可不這麼做。麥可相信他的身體會讓他知道何時應該往上浮。從他與身體感覺的接觸，他知道他會沒事。這種能力讓麥可能夠下潛至水下四十公尺，並安全返回水面。

放手的心理彈性也是創造過程的關鍵部分。根據丹尼爾・高曼（Daniel Goleman）以及創造力領域其他許多研究者的說法，最好的點子出自開放與接納的狀態。在《情緒競爭力》（*The Brain and Emotional Intelligence*）中，高曼認為知道我們需要放手以及何時該放手，是取得創意突破性發展的關鍵。相反地，試圖勉強獲得洞察力，或迎面解決某個問題，反而可能讓我們感到緊繃，較難對新想法開放。「透過放手和進入心理鬆懈的狀態，我們變得更容易接納新連結或想法。」他表示。這類似於我們在《為什麼思考強者總愛「不知道」？》中所探討的**閉眼觀看**的概念。拋開想要知道的需求，退出解決問題的活動，以及關閉資訊之流，反而能讓新知識浮現。藉由鬆手放開可察知的安全堤岸，我們更能開放迎接潮流中的機會。

忘卻有為的本能

心拙於忘卻它長久以來的所學。

——據說出自塞尼加（Seneca，譯注：羅馬的政治家、哲學家、悲劇作家）

二〇一四年是麗莎・白科維茲（Lisa Berkovitz）展開為期三年的冒險生活，以及在全球工作的第一年。那年夏天，她選擇在倫敦度過三個月時間。幾年前的她給自己訂下能夠在她想要的任何地方工作的目標，這個夢想終於實現。身為與世界各地領導者合作的企業教練，她只透過電話或 Skype 和客戶開會。因此，她自信只需要良好的 wifi 連線，便能順利工作。

在倫敦時，麗莎打算專注於規劃和引進新的教練計畫。麗莎的服務逐步展開，她知道這項新計畫是決定事業發展走向的關鍵，然而她卻遇到瓶頸，無法處理問題。「日復一日，同樣的事一直發生：我全然沒有工作的欲望。幾個星期後，我開始感到焦慮。我腦筋動得飛快，覺得必須做些事情的壓力越來越大。『你需要繼續前進！你的事業正在失去衝勁！』」

那年倫敦夏天晴朗乾燥。有些當地人聲稱那是二十年來遇過最好的氣候。麗莎每天早上醒來，唯一想做的事是去公園，躺在草地上，或在城裡到處閒逛。她每次花上五、六個小時，甚至七個小時四處遊蕩，沒有特定目的地，只是單純享受城市的景象、聲響和熙來攘往。

麗莎無法讓自己在意內心的工頭。她承認她大半的人生都受到這位工頭的驅策。「即使我已經規劃出我喜愛的事業，但仍有許多應該做的事。還有創造企業成長與收益的責任，全都落在我身上，造成另一種持續的壓力。」她已經離開企業界，所以能體驗到更大的自由，按自己的方式過生活。然而，那個內在聲音一直讓她懷有不採取行動的罪惡感，並處在該做些有用事情的壓力下，麗莎明白她不是真的自由。「我每天面對著我認為該做些什麼的有為聲音，與告訴我要放慢下來、暫停、活在當下的無為聲音之間的內心掙扎。我意識到一種內在的強制力，一種需要被拆除的機制。」麗莎回想，「我真正想要的是遵循從內心升起的真實感召。其他的一切都是受到恐懼的驅使。」

麗莎決定停止傾聽有為的聲音。每當她感覺到它，便開始冥想。「在最焦慮的時候，我會靜坐、深呼吸，進入到它在我身體中所產生的感覺裡。我會觀察我的心為了打擊和抱怨我的選擇所做的一切努力，直到平靜下來，然後遵從我日常的渴望。」慢慢地，經過幾個月忘卻掉強制的有為模式，麗莎開始與油然而生的真實感召相連結。在那個以她的日常樂趣作為燃料的放鬆空間，她用輕鬆和喜悅構思她的教練計畫。隔年，麗莎的生意和收入倍增，即使她沒有付出額外的努力或時間，也幾乎用不著行銷。「氣味相投的客戶以神奇的方式找上我。我從未在工作中體驗到如此程度的輕鬆、流暢和充裕，同時感覺這般忠於自我。那正是無為的贈禮。」

在許多職場裡，預設的狀態是關切成果和去除不確定性。不過麗莎的故事教導我們，我們需要接納無法被處理的不確定性。當我們進入新的空間，發現自己站在未知的邊緣時，我們需要忘卻有為的本能。我們可以明白有為聲音的侷限，擺脫有為是我們唯一選擇的錯誤認知。藉由放慢、暫停和專注於自我和當下環境，加上耐心與堅持，即能改變舊習慣和預設的思考。

不干預

我說對我而言，相反的事情似乎也往往說得通：當沒有可倚賴的人告訴他們該怎麼辦時，人們會變得更有能力。

——瑞秋・卡斯克，《轉變》

墨爾本的公立中等學校坦普爾斯托學院（Templestowe College）向來是所傳統、招生正常的學校，但到了二〇〇九年十月，學生人數銳減至兩百八十六人，除非有特殊的理由，否則關校在即。此時學校來了新校長彼得・杭頓（Peter Hutton），在重返學生時代曾經當掉他的教育界之前，杭頓在預備軍任職會計人員。到了第四學期，高中學程第一年只剩下二十三名學生註冊就讀，事情幾乎沒有轉圜的餘地。

彼得受命進行徹底的改革，這意味著要大刀闊斧改變現況。教師、學生和家長都必須擺脫所有舊習慣。彼得在一個學期的時間內，監督課程的全面修改。至今仍指導他們的理念是：培養學生能力，為他們天生的能力、興趣和創造力開創出空間。從整體到細節的科目規劃、年級、課表和課程不僅僅被顛覆，在許多情況下，簡直是棄之不顧。「我總是說我們在理念上嚴謹、行政上寬鬆。」彼得說。彼得的主要策略是質疑學校體制中被視為理所當然的假定和作法，結果產生意想不到的好處和更大的彈性。

「我們目前考慮過十四項假定，每破除一項，都讓學生受惠。我們質疑學校的上學時間，現在學生可以在早上七點十五分上學，下午一點放學，或者在早上十點半上學，下午五點十五分放學。我們廢除了年級制，因為每個孩童都以不同的速度和階段學習和運作，而且天生具備某些興趣傾向。某個孩童可能會說：『我現在讀九年級，但正在學習十一年級的科目。』所有這些假定或許曾經有效，但現在仍然適用嗎？」

彼得相信現行教育制度辜負了孩童：無法吸引他們、在情感和創造力方面虧欠他們。「我們現今認識的教育只有一百年歷史。這套制度以往是為了工業時代而發展，目的是為工廠製造工人。早期的教師不諱言他們是在製造機器的螺絲，他們想讓人們獲得一份工作和聽從指示。我們至今還在訓練孩童，為了已經被機器人取代的工廠工作做準備。」彼得認為教育制度需要使孩童變得靈活、有創造力和彈性。為了在不確定性越來越高的未來職場尋求出路，學生需要與自身創造力，以及自我管理未來的能力形成深刻的連結。

彼得從任職坦普爾斯托學院的第一天開始，就在找尋和創造新的學習方法。「我的整個理念是給予學生大量未開發的空間。當我走在走廊上，看見學生們的龐大能量在他們最具活力和靈思的時期，卻只能被侷限於課桌前，做著無聊的事，我會很想哭。」坦普爾斯托學院的重點在於賦予學生能力，為了達成目的，老師們需要收手不干預。

「打從一開始我們就告訴學生：『每件事都可以商量，但不是每件事都被允許。你當然可以要求，儘管未必要得到，但你可以一直要求。』」在坦普爾斯托學院，「是」是預設的答案，對教職員、學生或家長都是如此。除非事情要花費太多時間、金錢或對其他人造成負面影響，對於學生所提出關於學習的問題，答案都必須為「是」。這種作法給予學生提議、培養創造力和產生自治感的自由。

「由於我們的學生對於自身學習的掌控程度越來越高，我們不得不廢除與傳統教育有關的結構性事物。」彼得說。等到學生建立了基本的讀寫和計算能力，這些多半在頭一年完成，學生可以從一百五十個科目中全權決定他們的課程。其中包括研讀希臘語、在永續栽培農場工作，或受雇於由學生在學校裡經營的咖啡俱樂部等工作。

學生發展出經由家長和校方核可的五年計畫。學生知道自己有興趣學習什麼，有了這項計畫，他們知道學習的方向，也明白為何要研讀這些科目。他們擁有對未來的願景，正在測試自己是什麼樣的人，以及他們想要的工作和生活，以富有創意的方式為自己做好適應離校後生活的準備。

沒有兩個學生計畫一模一樣，這不僅反映出每個學生的獨特性，也反映出學校的彈性態度。學生提出大綱，而學校供應具備技術的人，幫助帶領學習。然而對照於視教師為專家的傳統教育，彼得鼓勵教師促成以學生為首的學習。

「學生是快樂的，因為他們在做自己喜歡和感興趣的事。」彼得表示，「我還沒遇見不愛這所學校的學生，在今天這個時代是相當稀罕的事。如果你問他們為什麼，那是因為他們可以當家做主。」該校將校名從 Templestowe College 改成ＴＣ，代表 Take Control，藉以反映這個理念。「我們的學生是真正樂於學習，而且大有進展。學生們全心投入，意外的副產品是我們被提名為二〇一二至二〇一六年維多利亞省成績進步最多的學校。儘管這並非我們的目標，但說明了我們沒拋棄掉所有的評判標準。」

全澳大利亞的統計數字顯示，大約百分之二十五的高中生在上大學後沒有讀完第一年。ＴＣ學生雖然可以更改課程，但他們鮮少退學。ＴＣ藉由不干預，讓學生不僅能自行思考，也在他們的想法行不通時，懂得學習如何做決定和更改課程。他們習慣於自我管理、問問題，為自己的教育負起責任。「我們的學生對改變抱持正向的態度，他們不厭惡風險，也知道自己有能力處理問題。」

ＴＣ是絕佳的例子，說明不干預如何使人們的生活起了突破性變化。「但這並不容易，別期待會有輕鬆愉快的感覺。每個改變和轉向都需要重新調焦、保持平衡、測試、嘗試新事物，以及對意想不到的新東西做出反應。」我們之所以不敢脫離邊緣，其中一個重要原因是害怕結果、害怕事情出錯。歸根究柢是害怕失敗。

若要奉行無為，我們需要有勇氣突破造成阻礙的規則，不顧已知的風險。「起初，我們在等待教育部門的責難，但此事從未發生。」彼得說。「我們像一顆拔了插梢的手榴彈，等著爆炸。大家都等著看會發生什麼事，沒人想要靠近我們，所以我們逐步發展。我常常將這件事描述成細菌飛入窗戶，進到培養皿，有某種東西開始成長。而現在我們認為那可能才是解藥。」

離開安全穩固之處，拋棄舊習慣和傳統以及不干預，就像彼得所做的事，深具挑戰性。ＴＣ的故事突顯出讓學生按興趣安排學習課程，而非強行加諸既有的結構和控制，所呈現出來的機會。領導如同教育，關乎讓人能學習與成長，而不假定我們知道最多，也不在過程中干預他們。如果我們願意順從而非對抗潮流，便可為學生、團隊成員和員工開創成長茁壯的空間。如同彼得所言，「當你跨越規範，世界便開始朝相融移動。我們需要忠於自我，當真正的自己。要殺害自己的靈魂，最好的方式莫過於做你討厭的事。」

陪伴

有時表達自我最有力的方式是什麼也不表達，而是讓我們未經說明、沒有矯飾地在場為自己發言。

——艾美・柯蒂（Amy Cuddy），《姿勢決定你是誰》

光是陪伴某人，也可能產生重大影響，勝過提供協助、建議或解決問題。在某些情況下，我們無條件的在場陪伴甚至可能攸關生死。德瑞克・歐克利（Derek Oakley）記得在戰火肆虐的南蘇丹，曾和其他六個人擠在波爾（Bor）機場辨公室書桌後面，流了滿身大汗。德瑞克的工作是協助維護公民在全世界衝突地區的人身安全。他正在協商一名驚恐的中年男子安全通關，這名男子是來自附近聯合國營區的努爾（Nuer）社群長者。在營區遭逢致命的攻擊後，這名男子擔心自己的性命安全，想要離開波爾，與在朱巴（Juba）的家人團聚。機場安全官剛剛發出最後通牒：「這人不得旅行。他們不能搭那班飛機，也不能回到營區。他們要和我們去軍營。」

根據德瑞克的說法，「公務員本當保護和服務所有南蘇丹公民，現在卻效命於一個與內部敵人展開仇恨血腥戰爭的政府。儘管局勢複雜微妙，戰線已經劃定，許多官員視努爾人為嫌疑分子，甚至是叛徒。」每個有努爾背景的人在機場通關時，都會被帶進同一個房間，歷經相同的程序。輕則造成不便，重則變成受指控和恐嚇威脅的一場折磨。

每天，德瑞克和他的團隊會陪伴這些乘客，這些人往往是他們在聯合國營區時認識且尊敬的人。德瑞克一行人開車載他們從營區到不遠處的機場，出席與安全官員的面談，只為了在場當見證人，確保他們安全登機，因為他們太害怕單獨行動。「我們每天帶著好臉色出現，堆起笑容，跟有權力不讓我們所陪伴的人通關的同一批人說話。在人潮冷清的日子，我們會閒話家常，聊聊家人、足球和食物。其他日子裡我們的談話則沒那麼瑣碎。」

與安全官員說了將近半小時的話之後，在班機起飛的前幾分鐘，那位努爾長者獲准離開。這便是德瑞克工作的重要之處，片刻之間決定了某人是否能登機，順利和家人團聚。「我們相信我們的陪伴和在場發揮了影響，替歷經這項程序的人減輕他們必須面對的威脅程度。截至目前為止，沒有人消失在軍營，一去不返。至少到目前為止都是如此。」對德瑞克而言，有為被過度重視。

「我們太習慣聽見『什麼事非做不可』。戰爭便是這樣開始的，人們死得多麼無辜。有時候我們試圖同時做太多的事情。我們往往不承認我們已經在做的事，或者以我們的名義所做的事，因而促成了目前的環境。在如此的騷亂中，我們真正從旁提供別人支持的力量消散了。我所遇見過最優秀的運動人士，其中一些我有特權稱之為朋友，知道他們的發聲或周旋往往不是最重要的。在那種情況下，在場陪伴，差不多就是他們所能提供最重要的東西。」

只要我們能與某人待在同一場所就可以發揮影響力，此事想起來違反我們的直覺。**只需待在那裡**似乎顯得如此微不足道，以至於我們低估了它在適當時機改變他人的力量。它就像泥土製成的杯子，構成一個空間——一種負能力，具備容納焦慮的能力，在河流威脅著要氾濫淹沒時，能使別人保持鎮定。

克制不作回應

他的一切包含等待之中。

——詹姆斯・沙利斯（James Sallis），《演繹》

◆

史蒂文：我記得我曾參加某個領導力會議，坐在一位從海外來開會、身材相當魁梧的男士旁邊。當臺上演說者在分享她的故事時，我注意到身旁的男士開始掉眼淚。過了一會兒，他雙手抱頭，開始大聲啜泣。我不知該看向哪裡，或者做何反應。我本能地問他是否還好，並遞給他面紙——非常英國式的反應。

他的回答讓我嚇了一跳。「謝謝你的面紙，我非常感激，但請你讓我獨處。」

就在那當下，我明白我的行動是出自於我試圖將他從痛苦中解救出來。或者更準確地說，如果他想要我的陪伴，我沒有能力陪伴他度過他的痛苦。我藉由提供協助來介入，雖說是出自真心的關懷，但某部分也是為了緩解我自己的不適。

有時人們需要為了其他人無法察覺的理由而行事。我的行動雖然是善意的，卻可能打斷了某個重要過程。或許那位男士以前從來沒有這樣大哭過。或許他在抒發被壓抑了一段時間的悲傷。又或許他需要獨自感受這一切。我變得更加了解自己的動機，以及我的行動可能對別人產生的非預期影響。現在，在艱困局勢中採取行動之前，我會預留更長時間的思考。

◆

克制住行動，有時可能是最具同情心的舉動。出手拯救的危險在於可能將別人置於依賴的境況，妨礙他人的學習，干擾了我們無法完全理解的過程。如果我們提供了沒有被要求的協助，要如何辨明別人是否需要我們的協助？我們如何能覺察我們想要介入的需求背後，隱藏的假定和動機？這個行動是否緩解我們自己所感覺到的不適，與其說是出自同情心，不如說是自我中心？

在《生命如此美麗：在逆境中安頓身心》中，佩瑪・丘卓寫道，克制幫助我們觸及我們可能藉由採取行動，來避免的潛在焦慮或不確定感。對丘卓而言，克制並非壓抑或不付諸行動，而是慢下來看清楚我們的習慣性反應。那是以慈悲自省的精神來完成的事，信任我們與生俱來的良善。我們當在克制住自我時感到慶幸，而不是在批評的聲音中苛責自己。「克制具備強大的力量，因為它讓我們有機會認清我們被困住，繼而獲得解脫……我們允許自己感覺潛在的不確定感——那股焦躁不安的能量，毋需設法逃避。」我們必須學會容忍自己的感覺，也要允許別人容忍他們自己的感覺。

金・庫普（Kim Koop）在墨爾本某家大型保健中心工作時，經常承受必須迅速果決採取行動的強大壓力。其中一個實例是，工會曾催促她處理某個爭議。「『你必須在今天下午五點之前給我們回覆。』他們堅持。這件事關係重大。隨著截止期限的逼近，我開始處理這件事，變得越來越焦躁。我認為我有義務在當天下午五點之前滿足工會的期望。」

緊張狀態從下午持續累積，金開始自我懷疑。後來有位同事將她拉到一旁，協助她了解「截止期限」是人定的，她沒有責任要滿足誰。金於是認清了倉促採取不成熟的行動更容易犯錯，冒著喪失力量的更大風險。「在那當下，我明白我可以選擇不作反應，並決定我要如何以及何時回應。」

這對金來說是極大的解脫。此後，她更加知道如何在高壓環境下自處。她採取小小的步驟來重新取得主導感，例如設定自己的截止期限，以及在反應之前從容地仔細思考。她以往一直是個堅忍好鬥的鼓吹者。現在她變得更專注和安定。出人意料的是，在作出反應之前先慢下來，讓金獲得更多自由，以及妥善完成任務的機會。「如果你以受限的方式運作，對事情不會有太大用處。我發現我變得比較不害怕，因為我開始在做決定之前，花費所需要的時間來仔細思考和處理問題。我也更願意說：『是的，我可以滿足你的要求，但請等我五分鐘。』我會花時間澄清思緒，好應付接下來的談話。」

在《等待的技術》（Wait）中，法蘭克・帕特諾伊（Frank Partnoy）注意到：「思考關於延遲的能力，是人類境況的核心部分。這是一項贈禮，一個我們可以用來檢視生活的工具。生活縱然是一場與時間的競賽，但當我們克服本能，停下來處理、了解我們在做什麼以及為何這麼做，會讓生活變得豐富。」獲頒諾貝爾經濟學獎的心理學家丹尼爾・康納曼重視這種放慢思考的能力。在《快思慢想》（*Thinking, Fast and Slow*）中，康納曼認為慢想需要更有紀律的思維，比起快速反應能做出更好的決策。與康納曼合作的耶魯大學管理學院教授沙恩・弗雷德里克（Shane Frederick）明確闡述我們的主要挑戰：「人們如何能夠超越最初擁有的最明顯衝動？」

《瘋狂的天賦》（*Insanely Gifted*）的作者暨全球音樂與電影團體 1 Giant Leap 創始成員傑米・卡托（Jamie Catto），回想起他入手的第一輛昂貴汽車。傑米每週因為旅行及主持講習會，大約需要跑兩千英里，他想要一輛可靠的車，不要像他的老爺車那樣，每隔五分鐘就故障。

「離婚後我搬去英國住，此後一直處於過渡期，沒有房子也沒有車，我帶著孩子的那段時期有點支離破碎和不穩定。那時我們住在廉價的路邊汽車旅館，並且租車子來開，所以等到我開著閃亮的新車去接我的女兒，我覺得我又恢復了正正當當的超級老爸地位。我在後座擺好小毯子和靠墊，打算來上一趟德文郡公路之旅，作為我們的處女航。『來吧，寶貝女兒，進來，你們的新馬車在等候！』出發時我們感覺良好，立體音響的揚聲器也傳出恰如其分的興高采烈，不久之後，我們行駛在前往西國地區的公路上，一面小心嚼著餅乾，以免撒落太多碎屑。」

到了某個時候，他們開始來到上坡路，傑米注意到車子似乎突然失去動力，事實上它甚至開始慢下來。

「我覺得心裡一沉。糟了，拜託。我試著忽略問題，心想也許柴油車在上坡時就是這樣，但等到一輛重型卡車發出巨大的五聲道喇叭聲，從我旁邊快速超車，我感覺我可憐的超級老爸豪情頓時萎縮。更糟的是，背後有個細小的聲音問我，『爸爸，出了什麼事？』啊！不久之後，我開始感到怒氣沖沖和自我憎恨。」

由於傑米剛在不到二十四個小時前付完車款，他有權回到車商那裡討回他的錢。雖然他非常生氣，但他想知道如果他能克制住發作的誘惑，而非只是發洩他的怒氣，會發生什麼事。「因此，我沒有在將車子送回去檢查時大驚小怪或苛責車商。」幾天後，傑米接到修車廠打來的電話，結果他們免費修好他的車。「不僅如此，當他們拆下齒輪箱檢查時，還發現了先前被遺漏的更大問題，最後他們得更換價值超過五千英鎊的新零件，幾乎是車子價值的兩倍！」

這種「生命的仁慈天賦」讓傑米感到訝異，他決定等到下回面臨壓力，感覺需要憑衝動行事時，他要再次嘗試這項實驗。機會於同年稍後到來，那時他正在為印度的某電視臺製作音樂。他在獲得酬勞之前已將母帶寄給他們，後來，他在收到款項前接獲客戶寄來的電子郵件，表示他們不想要他已經完成的三十秒版本，他們現在想要四十秒的版本。然而，工作室早已解散，人員也已經回家，所以傑米很難再度召集全部的人，再交給他們新的音樂。他既憤怒又沮喪，立即拿起電話。「接下來，當我的拇指在電話鍵上停留時，那個聲音再度輕輕響起，叫我不要如此快速行動，不要在這個自以為是的憤怒時刻打電話給他們。」

再一次，儘管傑米滿腔怒火，他想像著告訴對方，他們做錯什麼事的各種方式，但他保持鎮定。他做了深呼吸，與自己的感覺共處。「不到一個小時，對方來了第二封電子郵件，說三十秒和四十秒的版本他們都要，而且大家還會獲得另一份酬勞，加上我們早已索取的那份。」

當我們感覺到有必要快速行動時，克制住採取行動的壓力，或許是最佳策略，即便我們一心想要立即反應。這需要我們與對於情勢的感覺和想法共處更久一點的時間，而非壓抑它們。要保持好奇心並質疑假定。

當我們周遭的事物似乎一直在加速，為了作出回應而慢下來是違反直覺的事。這說明我們需要仔細思考問題，而不要倉促回答。我們得更花費時間深入考慮和研究我們所面臨的挑戰，別冒然加以解決。迅速果決採取行動的壓力會很強大。探尋這股壓力的來源、克制自動反應的誘惑，以及重新商討別人對我們的期望，對我們有莫大的好處，即使當時間成為至關重要的因素。

屈服而致勝

天下之至柔，馳騁天下之至堅。

——老子，《道德經》

對於荷蘭 Aikido@Work 創辦人阿妮塔・帕爾瓦斯特（Anita Paalvast）來說，合氣道提供了重要的領導技巧。無論有人用劍或言語攻擊我們，我們如何站立、傾聽和回應才是關鍵。以力迎力收效甚微，如同她最近輔導的客戶奧利佛（Oliver）的案例所闡釋。

奧利佛以往替鎮暴警察工作時，說話需要非常直接、有時甚至要表現得強勢。阿妮塔描述奧利佛是心地善良、身懷強烈正義感的人，但言語尖刻。這些特質不再適合目前在服務公司任職的他，這份工作需要他激勵其他單位的人，以及影響同事聽從他的建議。「他向我說明，直率強勢的溝通風格使他深受其害，即便他意圖良善。他問我，他能否學會不同的溝通方式，因為他的作法有時會傷害人，而這並非他的本意。」

奧利佛必須忘卻根深柢固的習慣，例如立即反應，以及將自己的觀點強加於人。阿妮塔吩咐他，在他往往氣勢洶洶、坦率直言的情境下，要留意自己的呼吸和姿勢。她接下來要求他在說任何話之前先深呼吸，採取放鬆的姿勢，而不是他一慣高度警戒、身體略為前傾的姿勢。

「當有人抓住我們的手腕，舉例來說，我們天生的傾向會是採取行動，以及為了控制而抓握。我們的第一個反應通常是針對攻擊本身，不管藉由回擊、撤退或保持不動。這是身體對於刺激物、可察覺的威脅的天生自動反應。」不作為、放鬆和原地移動是比較不自然的反應。合氣道修習者被訓練成在遭遇攻擊的當下保持鬆懈。訓練中常見的反饋包括：「較少的嘗試」「放手」「放鬆」和「變得更慢」。

大多數的武術注重學習處理攻擊和藉由收縮肌肉發力，合氣道則講求反其道而行，以不同方式發力：最小的收縮和最大的延展。「你學習跟著攻擊者移動，以此方向影響局勢。你得屈服而致勝。重點在於隨著對手出招，而非針對他出招。當你將這個訣竅運用於日常生活，便能獲得截然不同的處境：一種鬆懈的準備就緒，而非緊繃著蓄力待發。」

他一向覺得這件事深具挑戰性，在某次團體會議中，奧利佛終於有了在真實工作情境中實踐這些策略的機會。呼吸和傾聽，加上放鬆的姿勢，是需要一些練習的。他起初感覺有些僵硬，但很快便開始鎮定下來，這幫助他看準介入的最佳時機。他首度沒有表現出干擾或攻擊的樣子，因此他的建議未遭遇一如以往的抗拒。他還驚訝地發現，他的團隊成員改以開放的態度接納他的想法。

在我們結構複雜、步調快速的組織中，很容易就能創造混亂。我們可能因為負面回饋、刺耳的語調、客戶的壓力、老闆的期望、緊迫的截止期限、意料之外的變化……等等而變得心神不寧。當我們還來不及察覺，便陷入對抗、反擊或放棄的反應模式。在這些時刻，我們可以效法合氣道，不要出於習慣，無意識地抗拒或作出反應。我們毋需將挑戰視為必須克服或避開的障礙。面對困難時，即便在最艱困的處境下受到攻擊，我們仍可以放鬆自己，像水一樣屈服，找到不同的路徑繞過石頭繼續流動。

學會說不

如果你從未擁有說「不」的自由，那麼你決不被允許說「是」。

——埃絲特・沛瑞爾（Esther Perel），《情欲徒刑》

喬（Joe）聰明、成功且野心勃勃，按卡洛琳・考格林（Carolyn Coughlin）的話說，他是一個「專業成就者」。喬同樣需要被看成能迎接任何挑戰、做必須完成的事，以及受大家信賴的人。

擔任輔導和顧問工作的卡洛琳，常與許多像喬這樣的客戶合作。「這些人並不軟弱或優柔寡斷。他們通常具備熟練的分析技巧，每天做著困難的決策。」她在部落格中表示。當喬開始與卡洛琳合作時，他知道自己盲目答應上司和客戶要求的每件事，然後又因為他必須做的所有事情而怨恨不已。他知道受制於其他人的要求，使他不快樂，但他不知道該如何改變。「他的生活都用來處理眼前的下一個挑戰。

滿足和超越別人的期望，無論是真實或想像，已經變成他的名片。成就是他的一切。如今，他陷入困境，因為外部環境日益要求不同的東西，或者也許他內在的欲望已經改變，但他仍然對所有相同的舊要求說是。」卡洛琳說。

喬已經落入他替自己創造出來的身分陷阱。他無法對任何事說不，因為那會引發對他身分的懷疑。另一方面，他想過著更貼近自己需求和價值觀的生活，留時間給他自己。但他持續的忙碌讓這件事變得不可能。如果他不是人人都能倚賴的那個人，那麼他是誰？為了幫助喬改變，脫離如此的困境，卡洛琳利用她從史楚齊研究所（Strozzi Institute）學來的輔導程序，該研究所是美國加州的一個領導力與身心訓練機構，能讓客戶體現與實踐他們想要的改變。

「我要求喬站在房間另一頭與我面對面。當我往前伸出手臂走向他，我對他說：『喬，我需要你替一位極其重要的客戶負責某某提案。你是唯一能勝任的人，因為這正好是你專精的領域……時間預定於星期一。』喬的功課是用言語和身體動作──藉由輕柔但堅定地撥開我向前伸的手臂，來婉拒我的要求。

當我靠近喬，他往下看，溫順地說：「不，我辦不到。」他不情願地輕輕撥開我向前伸的手臂。我沒有被說服，並且給他做這項評估。他告訴我，這就是他在現實生活中面對要求時的感覺。我們又試了幾次，儘管他每回的聲音都大了些，然而他的每個身體動作在在告訴我，他尚未培養出在現實生活中婉拒此類要求的能力。所以我要求他做下列的事：集中精神、正視我的要求以及在身體上體現這個要求。他必須想像他積極迎合我的要求，然後選擇恭敬地加以拒絕。」

這回，喬以更大的自信面對卡洛琳，稍微走向她，溫和但堅定地婉拒她的要求。喬驚訝於這種迥然不同的感覺，彷彿體內的某種東西活了過來：一種他知道他想何去何從，以及卡洛琳的要求並不恰當的感覺。對一個如此習慣於說「是」，然後感覺沮喪的人來說，這是新的生活方式、新的感覺方式。就像他保有他的自尊，毋需再為此奮戰。「這種身體練習讓喬開始注意到，他的不願拒絕是如何活在他的身體和腦中。透過持續的練習，他也許能夠創造出新的肌肉記憶，支持他在這方面的轉變，成為更加自主導向的聲音。」卡洛琳說。

◆

史蒂文：歷經三天密集的諮詢行程，我回到英國，瀕臨恐慌發作。有幾秒鐘時間，我發生栩栩如生的「白日夢魘」，夢見自己待在醫院，身旁圍繞著醫師，卻無法有條理地應付事情或進行溝通。當這場夢魘結束後，長久以來我頭一次發現，我的身體裡存在極大的積鬱和疲倦。我帶著些許訝異，明白我已經身心透支到了極點。

在某個信封背面，我計算出最近幾個月以來，我已經在十多個國家工作，有時一週就跑了三個國家。由於我的合作夥伴和客戶遍及各個時區，我的工作天數往往很長。或許我早就應該看出會有這種下場。

事情並非沒有出現警告跡象。其中一些跡象還相當明顯：好幾個月以來我一直有寫作障礙，似乎無力開始寫新書。有些跡象雖然比較不明顯，但同樣透露出問題：我在新加坡處理一項任務，竟然過了五個星期後才發現下榻的飯店樓下有座海灘！

我為何健忘到瀕臨身心透支，或者更準確地說，更進一步透支。或許因為我熱愛我的工作，往往沒將它定義為「工作」。如果這是個「問題」，我推斷這會是許多少人想要擁有的問題。能從事自己熱愛的工作，並且喜歡合作的對象，教我感覺到相當幸運。

然而我知道，即便是如此正面的東西，也可能產生反效果。由於我喜愛我的工作，我的心理「免疫系統」無從拒絕。我就是無法對上門的機會說「不」或加以婉拒。情況演變成好事過頭反倒成了壞事，我突然想起「過度的優勢可能成為不利條件」這句格言。我辛苦地體認到，我們沒有能力「照單全收」，就像我們無法「擁有一切」。事實上，我們遠比自己以為的脆弱得多。

接下來的幾個月，我得培養出刻意選擇不作為的能力。代表我要更常說「不」，來推拒掉好的機會，有時每週都得如此。這絕非容易的事，因為這意味著抗拒一直以來對我十分適用的信念，不管是文化方面或個人的信念。身為個體經營者，我向來認為我應該接下所有找上門的工作，我可以先處理工作，然後再休息，還有如果我對客戶說不，我得冒著生活拮据的風險。我明白說「不」是允許自己「不作為」，同時也是在對我更重視的事物說「是」，也就是我的健康、關係和幸福。

◆

對我們大多數人而言，說不的能力並非與生俱來，尤其如果我們在意當個有用的人、樂於幫人解決問題，或者我們將滿足期望與成就和成功聯想在一起。拒絕一個我們感覺可能使某人失望，或錯過一個好機會的要求，是違反直覺的事。如果我們拒絕下一個要求，關於會發生的事，我們有什麼假定？為了培養婉拒的能力，我們需要覺察是什麼在驅策我們，以及我們說**是**的衝動背後存在何種因素。如此一來，就像喬一樣，我們終能學會如何恭敬和自信地說**不**。

如果你發現自己身處在錯誤的故事中，那麼就離開。

——莫・威樂（Mo Willems），《金髮姑娘與三隻恐龍》

Say N

少即是多

然而要做得非常少，如此之少，有人說，
（我知道他的名字，無妨）——如此之少！
啊，少即是多，盧克雷齊亞：我受到評斷。

——羅伯特・白朗寧（Robert Browning），〈安德烈亞・德爾・薩爾托〉

專為花展規劃園藝展示的設計師暨造景顧問艾德・邁利斯（Ed Mairis），學會讓一切保持簡單和活在當下。開始從事他的計畫時，他相信創作過程必然涉及某些掙扎。「你可以說這是出自於一種自我本位的憂慮。」他指出。然而，他很快便領悟到，對他而言，花展不是為了競逐名聲和財富，而是展示藝術的機會。「其目的是為了呈現對我來說有意義，對參觀者也具有情感魅力的事物。」

艾德明白這個目的讓他在從事設計工作時感到滿足，從而在創作過程中找到意義。他培養出一種放鬆的心境，使他能夠排除多餘的東西，創造蘊含著**少即是多**哲學的園藝設計。少即是多，類似於日式美學「間」的概念，這種概念出現在日本文化的許多層面。「間」超越極簡派藝術的簡約，其中萬物被剝除到只剩本質，產生充滿可能性的負空間。

◆

史蒂文：在我職涯的早期，曾擔任某私營豪華連鎖飯店的內部溝通經理。我的部分職責是為公司內部網路撰寫新聞稿和文章。我記得當我開始工作時，我正在寫一篇文章，我的同事納悶地問道：「誰有時間閱讀這麼長的文章？」我原本以為額外的細節更能讓文章生色和增添脈絡，但我很快便明白，內容簡短才能真正被閱讀，並發揮影響力。然而，要寫得少但仍保有意義，需要花費更多時間。

從寫作中學到的功課，也適用於我目前的教師專業。當我在替客戶量身定做管理教育計畫時，總不免想要放進一大堆內容。有時客戶甚至如此要求，他們的潛在假定是，越多的內容提供越多的價值。過去幾年來，我一直溫和地在挑戰這個想法，因為參與者可能從而獲得較多內容，但實際上記得的非常少，原因是大量的資訊和缺乏時間，使他們難以進行意義建構。

現在我依照「少即是多」原則來設計課程，提供較少的內容篇幅和較多的空間供仔細思考與整合。我鼓勵使用學習日記、在大自然中獨自散步、桌邊討論，或分享散步以及成對討論時所得洞見的形式。我一直備有更多的內容，以防不時之需，但鮮少派得上用場。學習乃發生在如果放入更多內容，便不可能產生的空隙之中。

◆

除了藝術外，極簡派方法，也是在複雜系統運作中不可或缺的一環。複雜系統的特色是變遷和不可預測、沒有正確答案、突然浮現的模式和許多相衝突的概念。在這些系統中，我們能確信的一件事，乃是介入會產生非預期的結果。事實上，介入的程度越大，非預期結果也越大。因此，為了在複雜的情況下有所進展，我們在行動上必須採用最簡單的方法。

複雜性領域的先鋒戴夫・斯諾登（Dave Snowden）認為，我們有必要克制住推行龐大計畫的誘惑，因為這需要花費大量時間與承諾，而且風險頗高。他建議我們小步推進，不要過度設計、過度複雜化和投入大規模的行動。我們可以採取小規模實驗的形式，設計成從不同觀點處理問題，允許複雜背景中浮現的可能性更容易被發現。

特洛伊老鼠（Trojan Mice）是這種類型的介入之一。其概念由彼得・弗瑞爾（Peter Fryer）所發展，用來協助組織自視為充滿可能性的複雜調適系統，而非由零件構成的機器，可拆解成小單元，再拼湊回去。在弗瑞爾的經驗裡，「小改變可能產生巨大衝擊，而大改變往往只有極小的影響。」特洛伊老鼠是「良好聚焦的小改變，以不顯眼的方式不斷被導入。它們小到足以被理解，以及被所有相關人士擁有，然而其成效可能影響深遠。少量特洛伊老鼠合起來，能比一匹特洛伊木馬造成更大的改變。」他在他的網站上解釋。

舉例來說，我們可以避免透過規劃和新任務的推行，對組織文化做全面性的改組。取而代之的是，我們可以在組織的不同單位進行較小規模、較節省成本的介入，而非創造新任務，讓其他任務變得多餘，以及將人員從某個部門移到另一個部門。這些作法能測試關於變革欲望的假定，提供何者管用及何者不管用的知識，最終避免產生代價高昂的非預期結果。

在這些漲落的水流裡，
變深的潮汐向外移動、歸返，
我要歌頌你，
像不曾有人做過那般，
流向變寬的水道，
進入開闊的海。

——萊納・瑪利亞・里爾克（Rainer Maria Rilke），《時禱書》

第❻章

河流知道它的目的地

遵循潮流

我不知道我在做什麼，
我不知道我要去哪裡，
但我知道我必須踏上旅程，
追隨它所到的任何地方。

——娜・萊斯基，《創意風暴》

米哈艾拉・史坦古（Mihaela Stancu）是羅馬尼亞某家國際能源公司的資深產品經理，她學會不去控制工作的結果，而是允許它自然開展。三年前，她的同事不知道該買什麼給她當作生日禮物，於是問她喜歡什麼。她要求一套壓克力顏料，認為會是好玩的嘗試。她開始調弄色彩，並將作品貼在她的臉書上。人們支持鼓勵她繼續畫畫，因為他們發現她的畫作色彩繽紛且生動。不久之後，她甚至開始接獲訂單，對她來說是一大驚喜。

米哈艾拉覺得有趣的是，在收到同事送的顏料之前，雖然她未曾想過自己有藝術才能，但她越是練習，她的創造力便越自動展現。她感覺是繪畫在引領她，而非她在引領繪畫。她的座右銘變成「繪畫引領畫家」。「我持續學習，方法是讓畫作按它們想要的，而不是我想要的方式發展。我喜歡畫畫的原因在於我全神貫注於過程。有時我會忘記喝水、吃東西，忘記現在是幾點幾分，甚至星期幾。除了畫畫，我什麼也不想。」

隔年，米哈艾拉舉辦了她的第一次畫展，名叫「Meraki」，這個希臘語意指熱情、愛、創造力，基本上是「注入作品中的精華」。對米哈艾拉來說，這個用語描述她遵循潮流和享受過程時所感受到的喜悅，這個過程如同與別人分享她的作品一樣讓人滿足。相形之下，教練凱・漢那弗德（Kay Hannaford）表示，喜悅一詞鮮少與工作連結。「所謂喜悅，我指的是一種極大的愉快、欣喜或快樂的感覺，可能是與個人經驗有關的東西，但鮮少涉及職業方面的經驗。」關於以喜悅之心完成的作品的本質，Meraki 這樣描述著——沉浸於創作工作，即是放棄對它的控制，藉此，喜悅出自於發現你所做之事，以及允許過程慢慢形成讓藝術家驚奇的新事物。這種以發現為基礎的喜悅，很難出現在結果被預先決定和控制的工作中。

遵循潮流能讓我們信任如同旅程般展開的創造過程，承認一路上可能遭遇若干迂迴和轉折。當我們遵循潮流，我們便是在利用過程中固有的能量，它可能像結果本身一樣令人滿足。

黑莫・施托爾曼（Heimo Stohrmann）出生在奧地利阿爾卑斯山脈，從小穿著滑雪屐長大。某次摩托車事故讓他的腳踝嚴重受傷，一夜之間喪失了生命中的一大樂趣。某天，他在運動用品店找尋攀登設備，經過射箭器材區。這讓他想起兒時到森林裡砍下榛樹枝，自行製作弓箭的回憶。「那天下午我得意地帶著兒童玩具弓箭組離開那家商店。我對射箭的世界、選項和可能性一無所知，但憑藉著毫無頭緒的初學者幹勁，就開始練習射箭。只要一有空，我就帶著裝備到森林裡，滿腔熱情射出數以百計的箭。結果卻發現，我的技術並沒有因此進步！」

無法成功中靶的黑莫決定增加練習。他更常射箭，聘請老師幫助他精通射箭運動的技術層面。然而，儘管做了這麼多努力，箭靶依舊難以捉摸。經過幾個月時間，黑莫領悟到他必須從專注於中靶，改而專注於自身。他需要找到自己的射箭方式，測試雙腳擺放的位置、軀幹的角度、一隻手扣弦搭箭以及另一隻手持弓的鬆緊度。當中靶的壓力消失，他從射箭中獲得的樂趣也隨之增加。黑莫發現他的雙肩漸漸能變得放鬆、下腹肌肉變軟，還有雙腕的壓力減輕。後來，隨著射箭習慣的改變，他當弓箭手不為了什麼而射箭，便能發揮他全部的技術。
如果為了銅扣而射，他已然緊張。
如果為了黃金的獎賞而射，
他將變得目盲
或看見兩個靶
——他瘋了！
他的技術依舊。但獎賞
分化他。因為他在意。
他想到的是輸贏而非
射箭本身。
而贏的需求
終耗盡他的力量。

——托馬斯・默頓，《莊子之道》（The Way of Chuang Tzu）

驚訝地發現，他的箭開始能夠射中靶心。「我順著呼吸的節奏，舉起弓箭瞄準箭靶。搭箭向後拉弦，感覺到弓的張力。接下來，我吐氣，輕鬆放箭。剩下的事不再取決於我。」

伊恩・斯內普（Ian Snape）是指導澳大利亞奧運跆拳隊的高績效專家，他的訓練方法結合了神經科學、表現心理學和神經語言學多種領域。他也曾替政府和私人機構帶領極區的研究團隊長達二十五年。「我們甚少關心事情之間的複雜互動。我們專注於成就，卻犧牲了過程；我們專注於部分，結果往往無法看見全局。」伊恩感嘆。

直到伊恩帶領澳大利亞跆拳隊，參與二〇一六年里約熱內盧夏季奧運，一開始仍大力關注競爭期望、個人表現計畫和目標。根據伊恩的說法，人們習慣透過獎牌名次和排名分數來衡量表現，甚少重視運動員管理過程中的比賽品質、流暢以及策略的執行。「這些才是運動員需要關注的。讓贊助商和教練去擔心獎牌和獎金就好。」該團隊後來將注意力轉移到他所稱的**流動狀態**，這是達成上述種種結果不可或缺的因素。「當意識變得超載，流動是最容易運用的。當你緊抓著某座偏遠峭壁的冰柱，你的生死存亡完全取決於你是否做出正確的抉擇；或者在貼身接觸的格鬥運動中，忽然有一腳猛然地踢向你的頭部，你沒有充分時間進行有意識的思考。你必須像不經思考般自動反應。」

伊恩引用史蒂文・科特勒（Steven Kotler）的作品，科特勒在他的《超人的崛起》（*The Rise of Superman*）中描述了外顯和內隱系統。科特勒的研究奠基於契克森米哈賴涉及**流動**的早期作品，顯示流動狀態除了調降外顯系統（理性和有意識的系統），同時也調升了內隱系統（本能、身心和無意識系統）。根據伊恩的說法，「對大多數體驗到流動，或者為了感受流動帶來的好處而從事危險活動的人而言，他們在流動中不會刻意作為，只有單純存在移動的過程，內在對話是終止的，也不需費力嘗試。時間在這裡似乎變得緩慢，靈魂出竅更是常有的經驗。透過練習，這些狀態可以幫助活化與穩定運動、商務、簡報各方面，或者在任何重視高成效領域的表現，甚至是睡眠和休息。」

根據伊恩的說法，運動員訓練的其中一個層面往往被忽略，這關係到運動以外的生活。「能在世界舞臺上競爭，存在著難以置信的犧牲和驚人的報酬。這些運動員所面臨的危險在於，他們的外顯活動變成附屬於他們的身分感。一旦精華的職業生涯結束，他們往往未取得基準名次、奧運金牌或贏得世界冠軍，於是便衍生抑鬱消沉、喪失重心和動機的風險。」因此，伊恩認為，擁有夢想之外的夢想，並且在旅程中與運動的品質和享受相連結是重要的。重點放在旅程，使之成為生活的一部分，在生活中擁有除了眼前事物之外，也擁抱其他可關注的事物。

伊恩曾經問過沙夫旺・哈利勒（Safwan Kahlil），一位在二〇一一年世界大學生運動會重要賽事中，首位獲得金牌的澳大利亞運動員：「倘若你能贏得奧運金牌，但那是一場爛仗，當天你的對手全都生病了……或者你對上全世界最強的選手，打出你生涯中最美好的一戰，但卻以些微之差落敗……你會選哪個？」沙夫旺回答他會選擇失敗。對他而言，運動更關乎個人的精神之旅。

在這個執迷於結果的世界，我們常做出錯誤的假定，以為付出更多努力便能增加我們獲得成就和成功的機會。努力變成了生活的全部，無為的態度則否定了「如果你第一次沒有成功，務必再接再厲」的一般見解。我們必須質疑「沒有進步是努力不夠」的想法。我們也需要質疑過度強調目標和可達成的結果。當我們以結果為優先考量時，不僅冒著錯失參與過程的喜悅的風險，也危及我們設法要達成的事。說來矛盾，藉由不依附目標，而只是輕輕加以把持，並專注於過程，反倒能產生更有效、更成功和持久的結果。

你的工作是你的責任，

而非結果。

別讓行動的果實

成為你的動機。

也不要屈服於怠惰。

堅定你的自我，做好你的工作，

不依附任何事物。

在成功中保持沉著平靜，

在失敗中，

沉著平靜才是真正的瑜伽。

——《博伽梵歌》

不要瞄準

你越瞄準成功，越容易失手。

——維克多・弗蘭克（Viktor Frankl），《活出意義來》

漫遊

當個徒步旅行者，就是成為一名漫遊者，一個身在旅途中的人，但又帶著幾分隨興。漫遊者不會知曉自己的路途，但會發現它。路途也會發現他，反之亦然。

——馬特・希頓（Matt Seaton），《漫遊者》

如果我們信任河流的路線，便能拋開到達目的地的需求，用好奇心取代恐懼和控制。我在這裡能學到什麼？我們以能踏上更具勘探價值的路途為樂。「並非所有漫遊者都會迷路。」托爾金（J.R.R. Tolkien）在《魔戒》（*The Lord of the Rings*）中寫道。較少人走過的小路往往帶著令人驚奇的轉折和意想不到的風景，或許比已知的大路，更能獲致更多洞察，如果我們沿路敞開心胸學習的話。

史蒂文：有次我連同一位同事和某知名報紙的副執行長及其全球管理團隊，來到倫敦蘇活區某家私人會所的樓上。我想讓團隊待在散發刺激、能量和活力的地方，因此刻意選定倫敦繁忙市中心的地點，而非鄉間莊園。

該團隊正在努力應付一些策略性的挑戰。我想要提供他們不同的東西，於是決定運用一種稱作「街頭智慧」的方法，那是由大衛・珀爾（David Pearl）和克里斯・巴雷茲—布朗（Chris Barez-Brown）發展出來的社會運動。其概念是簡單的：答案無所不在，如果我們從容加以留意，欣賞我們行經的環境，即便在「無形的街頭大學裡」應如是。

我在活動一開場時，邀請參與者仔細想想並分享他們各自最喜歡的一條街道。有人回想起他們童年時期的街道，有人談到早已改變的街道。這個討論幫助我們建立基礎，思考關於地方，關於場所對我們的意義，以及觸動我們的事物。

一開始先得磨利個人的覺察力和調整感官能力，以便讓他們能從都市環境中獲得更多資訊，包含三次各十分鐘的個人短暫散步，每次處理一項不同的任務。

參與者在第一次散步時，會被要求注意吸引他們的東西。不是為了改變任何事，而是為了提升他們對於散步地點的覺察力，進而朝向或遠離某事物。

第二次散步，目的則要放慢腳步，好讓他們不倉促，能夠徹底覺察事物。他們不可以像尖峰時間的通勤者那樣匆忙跨步，我給的指令是「慢慢走，越慢越好，慢到甚至你的頭髮都有時間生長！」看見有人在繁忙的倫敦街道上慢條斯理地移動，被身旁的人群飛快追趕過，堪稱一種奇景。他們有人停下來看海報，有人注意到人行道上的裂縫，還有人發現一個小時前、在前往會場途中未曾看見的街頭藝術品。

第三次散步期間，我要求他們留意一切事物的美，並試著看出模式。

在他們已經提升了覺察和感官能力後，下一個階段則是探索。這是讓他們心中能夠帶著一個「美麗問題」而進行的個人之旅。他們會注意到散步時周遭環境可能提供的答案，而不是待在辦公室裡用心籌謀。團隊中有些人選定個人的困境作為問題，有人專注於如何替某紙本雜誌增加收益，還有另一個人關切如何讓紙本順利轉換成數位。

一個小時後，大家從街道回來分享他們各自的洞見。他們起初懷疑這整個過程的用意，但結果卻令許多人訝異。某資深經理因為看見商店櫥窗裡的另一本雜誌而獲得靈感，對他的出版品有了新想法。還有人和街上的陌生人聊天，從而得到洞見。他們全都覺得散步以及對注意的事物保持開放心態，可以帶給他們直接用來處理挑戰的新想法和新鮮能量。

◆

法國詩人波特萊爾在一八六三年的文章〈現代生活的畫家〉（*The Painter of Modern Life*）中描繪著**漫遊者**的形象：都市的探索者、輕鬆漫遊巴黎街道的人，傾聽與觀察其中展開的生活。「群眾是他的要素，一如空氣是鳥的要素，水是魚的要素。他的熱情和進展在於變成與群眾同在的人。對於十足的漫遊者和熱情的觀察者而言，在群眾心中、在運動的消退與流動之間、在難以捉摸的事物與無限之間建立殿堂，會帶來極大的喜悅。」

請思考一下「在運動的消退與流動之間」感到自在的「熱情觀察者」這個概念，如何適用於忙亂的現代世界，以及對我們所產生的益處。漫遊者的核心概念，是能夠完全自在、投入所處的環境，如同呼吸一般自然的程度。同時，他還要能保持完全超然，不矯飾地看清事物。當我們發現自己處於複雜的局勢，需要既投入且超然以追求效能時，如此作法尤其有用。這意味著要當一個開放、接納但超然的觀察者，同時卻又不帶有既定的意圖。

波特萊爾將漫遊者的能力比喻成，以像街景一樣大的鏡子捕捉正在發生的事情的能力，反映出所有千變萬化的姿態與模式。蘿倫・艾爾金（Lauren Elkin）在她的《漫遊女子》（*Flaneuse*）書中，將漫遊者的能力擴展到不需要有生產力，而純粹為了樂趣，「與遍及整座城市的弦，協調一致地振動」。她表示女性也曾扮演這種角色。根據艾爾金的說法，漫遊女子如同男性漫遊者，並非無目的地漫遊，漫遊女子會前往她不該到的地方，扮演一個更加積極的角色。最知名的漫遊女子之一是小說家吳爾芙。她的小說人物達洛維夫人（Mrs Dalloway）的姓氏說明了作者對於「一路遊蕩」（dally along the way）的癖好。吳爾芙在一九三〇年寫給友人艾瑟兒・史邁斯（Ethel Smyth）的信中，曾道出她的刺激感來自投身於世界，從「縱身於倫敦在茶會與晚宴之間，一再散步，在城市裡，在一些不幸的貧民窟，我在那裡窺看酒館的門戶，重燃我的熱情。」吳爾芙對周遭環境深感興趣和完全融入的能力，提供她豐富的寫作材料，並刺激她的創造力。

「我想去我要去的地方，即便我還不知道那是哪裡。」艾爾金寫到她自己在街道上散步的經驗。漫遊者與漫遊女子的概念鼓勵我們，以漫遊的方式積極闖蕩周遭世界，在好奇心的指引下，不刻意安排，就有機會迎向意想不到的驚奇事物。漫遊除了提供創作靈感和單純的喜悅，本身也是一種在複雜曖昧的世界裡，有意義的建構過程。我們曾在《為什麼思考強者總愛「不知道」？》中加以探討過，西班牙詩人安東尼奧・馬查多（Antonio Machado）在他的詩行中說得最好：「旅人啊，路是不存在的，路是由步行所創造。」正是這種漫遊、迷路、重新找到路，以及踏上不尋常道路的能力，能幫助我們測繪地圖上未標明的版圖。在移動中，我們方能進步，如同艾爾金給我們的警告：「留意生根。留意純粹。留意穩定性。留意你所屬的毛骨悚然的感覺。擁抱流動、不純粹以及融合。」

在水中行進時，
　曲曲折折
　　有時比
　　　直線更快。
當你航行於人生的洶湧水域，
　不停變換的潮流
　　可能幫助或阻礙進展。
　　　要找到能量充沛的路徑。

有時這意味著
你得遵循某方向的潮流，然後走回頭路。
照著做，不要對抗穿越潮流。
有時這意味著
回頭是前進。
拋開向前、向後概念的爭執。
有時這意味著
是潮流在領路。
別浪費時間想像你是領路的人。
有時這意味著
穿越錯誤概念
是最省力的路徑。

當旅行即將抵達目的地，
　曲曲折折
　　是掙脫得到自由
　　　的直線。

——丹妮拉・安德烈埃斯庫（Daniela Andreescu），〈曲曲折折〉

讓事物浮現

天下之至柔，馳騁天下之至堅。

——老子，《道德經》

「找到你的路」是跑酷的格言之一，這種健身和移動方式不受一般運動的規範。跑酷源自軍事訓練，從事此訓練的人以快速流暢、有效率和充滿動能的方式，不使用輔助設備，從某個點移動到另一個點。跑酷通常在都市環境中進行，以新觀點看待環境，想像繞行、橫越、穿過、翻越和從底下通過環境特徵的可能性。每個人以不同的方式運用跑酷動作，移動通過某個環境，找到屬於他們自己的路。

跑酷關乎每個人如何找到自己克服障礙的方法。「不管你是面對一道想要攀越的真實的牆，或者應徵一份新工作，跑酷都是一種最佳的找尋方式，可以從你所在的地點，到達你想要去的地點。」艾美・韓（Amy Han）說，多年以來她一直在墨爾本練跑酷。「從事跑酷時，你必須融入周遭環境。你得訓練到你知道能在哪個容易的空間裡做各種動作的程度，這麼一來，在比較危險的時刻，你便知道你的體能允許你做怎樣的跳躍或是翻觔斗。舉例來說，你先在地面反覆練習三公尺距離的跳躍。等到你站在建築物頂端，望向三公尺外的屋頂，你知道你能跳躍過去，因為你已經在地面上做過無數次練習。但如果你讓恐懼入侵，你會猶豫並且可能害自己受傷。你得全然投入，徹底專注於目前的情況和環境，方可安全跳躍。」

對艾美而言，跑酷訓練提供她開創新事業的心理力量。「辭去工作、開創事業是我所做過最大的跳躍。」艾美說。「跑酷的核心精神在於自問『可能發生最嚴重的情況是什麼？』我告訴自己，『如果我無法完成這次跳躍，我知道如何脫困且不受傷。』我知道如何墜落，我們的訓練就是用來應付這種事。每次我做新的事情，我都將它與每天從事跑酷訓練的感覺連結在一起。我已經學會在脫離舒適圈時，能感到自在。」

跑酷天生有效率的移動方式，就像水迂迴流過障礙物，採行抵抗力最小的路徑。這是一種應付生活的方式。當我們面對挑戰與阻礙，不妨像河流接納擋路的岩石和巨礫那樣接納它們。我們可以觀察地形、環境的天然形態，化為柔水繞過堅硬物體，將障礙變成機會。

艾美將跑酷中學到的功課，運用在她的「創意書寫」（Creative Write-it）事業。「創意書寫」是為孩童開設的寫作工作坊。艾美開創這項事業，除了維持生計，也為了滿足她每週仍需擁有彈性和時間從事寫作的需求。一切都始於她在當地圖書館發表第一本童書。館員問她想不想在他們每月一次的創意寫作社團中當來賓，幾個星期後，她便主持了這個社團。隨著工作量的增長，她接手更多創意寫作社團，並開始在家中教導孩童。

「創意書寫工作坊以有機的方式成長，因為我真的熱衷於用富有創意的方式與孩童合作。」艾美說。「隨著這項事業的浮現，我得以對其他事情說不，而且更清楚我們是誰，以及我們不做什麼事。」

無為有一部分牽涉到，對不適合我們的東西說不的能力。我們越是勉強自己從事對我們無益的工作或關係，越是感覺生活的掙扎，例如做一些剝奪我們活力和創造力的事情。

創意書寫工作坊已經發展出與孩童合作的靈活風格，這種風格體現了開創該項事業的浮現和流動精神。「我們不開發課程或提供成績單，因為這些東西可能具有規範性。即便周密的課程表或許能讓家長具體明白我們每週所做的事，卻是一種缺乏創意的限制性作法。」創意書寫工作坊雇用的作家採用簡約的方法，他們提供簡單的起始點，一路上溫和地引導孩童，重點在於讓孩童找到自己的方式來書寫和表達想法。艾美說，「我們眼見害怕寫作的孩童變成自信、勇敢的寫作者。家長們很訝異，原本看似沒有想法的害羞小孩，突然變得有創意。其實所有的孩童都擁有創意，一如所有的成年人，他們只是需要讓事情浮現，和追隨心之所向的空間、時間與許可。」

藝術家知道他們的藝術作品無論如何開始，最終的成果都會有所不同。它將會演變與浮現，在創作過程中變得越來越強烈和清晰。他們明白有必要跳脫自己的框架，讓事物自然湧現。安迪・高茲渥斯就以流動的方式與環境合作，並對當下浮現的事物保持開放的態度。他的行動並非被預期或預先決定的，而是讓現場的天然材料和地景、一天當中的時間、地點和天氣型態的改變來告知他。他用開放的心態面對驚奇，應付障礙或失敗卻不氣餒。這種自發和調適的能力是現今職場所亟需的。

主動屈服

如果你屈服於風，便能駕馭它。

——托妮・莫里森（Toni Morrison），《所羅門之歌》

◆

史蒂文：我十八歲時決定在上大學之前要花些時間當志工，這件事持續了兩年。身為個性內向的人，我偏好與年長者合作，因為我發現和他們說話比較容易。結果我卻被分派了領導年輕人的任務。這是我絕對不想要的任務！我覺得我沒有自信站在有些和我相同年紀的一大群年輕人面前，帶領很會炒熱場子的人，這更適合兒童藝人的脾性，而非一個喜歡埋首書堆的青少年。

我的另一項任務，是在不公開的無家可歸者日間照護站工作，我的工作是在幫忙供餐和洗鍋子之後，坐在桌前陪伴街友。大多數街友都是有禮貌的，但少數具有攻擊性，還處於醉酒的影響下。要在這種情況下展開對話，對我來說頗有挑戰性。這兩項任務都讓我感到焦慮，我懷疑我是否具備性格長處和個人能力來做好其中任何一件。

正當我坐在公園鞦韆上，對情況感到心煩，有位女士過來坐在我身旁的鞦韆。她看出我的苦惱，開始和我說話。她建議我應該質疑，我自以為對這些年輕人負有責任，以及我必須具備一切能力的想法。

我做了一次表示屈服的個人禱告：我無力承擔這件工作，我沒有這種能力，所以我請求透過自己來完成它。讓我的眼睛對我遇見的人說：「我愛你們，你們是美麗的」；讓我的微笑說：「我愛你們，你們是美麗的」；讓我的靜默與笨拙說：「我愛你們，你們是美麗的」。我在掙扎中主動屈服，接受自己的弱點，並相信我想溝通的事會透過我而傳達出去。

此後發生了重大的變化。當然，我未曾大聲說出這些話，但我內心的屈服帶走我所感覺到的一切恐懼和焦慮。我有能力陪伴別人，並與我那兩項具有挑戰性的任務，形成深刻的連結。

◆

傑拉德・威斯特（Gerald West）自一九九五年開始跳騷莎舞。他在二〇一四年發現舞蹈形式的基宗巴（Kizomba）。基宗巴常被描述成非洲探戈，需要男舞者強勢帶領舞蹈的進行，利用身體引導舞伴。舞伴完全回應領舞的每個動作。這是一種完全信任領導者的舞蹈屈服形式。

「某天晚上，有位剛剛和我跳完舞的女士說，她愛死我們的舞蹈，感覺到時間靜止下來，而世界一片祥和。」傑拉德問她為何這麼喜歡基宗巴，她說她生活中大部分時間都在做各式各樣的決策，感覺到掌控的必要。舞蹈給予她屈服和放開控制的神奇感受。

屈服中存在著幾分舒緩，不用一直保持掌控，傑拉德仔細思考。他想知道他是否也能獲得這種感覺。隨著技術的進步以及對基宗巴的理解，傑拉德注意到男士往往過度專注於編舞，因為他們需要帶領舞蹈，而女士則專注於回應和妥貼跟隨。

傑拉德利用他曾在爵士樂團當鼓手的經驗，那時他習慣於緊緊跟隨低音提琴和鋼琴。他明白每當他這麼做，便能進入不用真正思考，或決定接下來要做什麼的流動狀態。他甚至不覺得他在做任何事。「我變成演奏的樂器，幾乎與音樂合而為一。」爵士樂手完全沉浸於音樂中的經驗，被領導力學者兼爵士樂手法蘭克・巴瑞特（Frank Barrett）記錄在他的《擁抱混亂》（*Yes to the Mess*）一書中。巴瑞特表示，「音樂家必須放棄他們有意識的努力。」他引用薩克斯風手肯・佩普洛斯基（Ken Peplowski）說的話，「你具備你曾學過的所有音階與和弦，然後你憑直覺跳進音樂中。一旦你跳了，便會忘記所有這些工具。你只是閒坐著，讓神性的介入接管一切。」

傑拉德決定讓基宗巴音樂帶領他，而非由他以傳統方式帶領舞蹈。「我的舞蹈因而轉變，音樂裡的每句歌詞或節奏形式反映在我的動作中。我不再決定接下要做什麼，由音樂來決定。我已經徹底臣服於音樂。」對傑拉德而言，基宗巴變成不只是舞蹈。它成為一種冥想連結的形式，甚至超越他當樂手時的體驗。「在較慢的思路下，尤其當它帶著特別和諧的共鳴時，我的大腦會不知不覺進入一種放鬆的警覺狀態。舞伴和我一起和諧地移動，分隔的界限以及任何努力的殘餘能量，隨著我們的身體合而為一、隨著音樂移動而消散。」

傑拉德臣服於舞蹈是一種**主動的屈服**。這不代表順從，而是主動投入的形式。在重視強力推行和更努力工作來完成事情的世界，主動屈服於當下正在發生的事，能讓我們更具效能，而非抗拒或使出超乎所需的努力。如同里爾克《寫給年輕詩人的書信》（Letters to a Young Poet）中給我們的鼓勵：「讓生活發生在你身上。相信我：生活自有其道理，而且向來如此。」

動中之靜

重為輕根，靜為躁君。

——老子，《道德經》

對於來自大費城地區的傑克・馬爾莫斯坦（Jack Marmorstein）來說，快速行事與忙碌是高壓競爭的環境下，不二的處理機制。「必須做些什麼事（即便處於驚慌中）是應付任何責任的萬靈牌。」這種態度和他終身對於耐力運動的喜愛十分相稱，在馬拉松、超馬和鐵人三項比賽裡，成功源自盡可能將更多訓練時數擠進他的每週計畫中。「我是個做實事的人，這區分了我和那些宣布他們明年一定會去跑馬拉松的人。」傑克說。

然而傑克的跑步經驗異於他人。「跑步的特色是緩慢和簡單，具備重複與冥想的性質。」他體驗到的跑步極類似人們放慢時的感覺。「的確，當有人問我跑步時在想什麼，我很難回答他們。我會想些事情或什麼也不想。偶爾想到像雜貨清單或某人先前給我的簡訊之類的小事。但實際上沒特別想什麼，就只是在跑步。樹木、石頭、呼吸、青草、樹根、太陽、水、口渴、另一位跑步者、水、腳踏車、雲、呼吸。」

傑克什麼也不想，他的心因為身體無止境的緩慢動作而靜止，清空了所有內容和忙碌。「也許那是我跑步時，從不覺得相當無聊或興奮的原因。」他想。「也許所有那些發誓明年要跑馬拉松的人，無法用足夠久的時間停止作為，來達成某件事。」從事同一件重複性活動，即便步調快速，在早上五點鐘起床，連續好幾個月踩在相同的人行道，替傑克在他「否則就被預定好的無望人生」中開創更多空間。

傑克的故事說明要體驗平靜，未必總得停下腳步。靜坐固然能幫助某些人放慢，但也有人在身體忙碌時感覺更平靜。大自然教導我們總能找到一個靜止點，例如「暴風眼」。無為關乎當我們從事活動時，內心帶著的那份平靜，是為動中之靜，而非匆匆忙忙，經歷精疲力竭與休息的劇烈循環。

◆

史蒂文：隨便瀏覽任何一家書店，你都會發現有許多書籍在頌揚慢活。我們現在正流行一種全面的慢活運動，有些餐廳和活動即按此概念打造。然而速度本身並不是負面事物，或許我們需要學習的是調整速度，而非將速度妖魔化。

我記得輔導過一位來自迦納的企業主管。她說話速度非常快，快到我無法聽懂她所說的任何一句話。我一開始的反應是請她放慢語速。再來我們決定弄清楚她為何說話這麼快。原來她是家裡八個兄弟姊妹中的老么，如果她說話不夠快，往往不會被聽見。從過去以來，她的說話速度對她一直很管用。明白這種行為的起因後，她決定刻意減緩語速，以便達成她想要的效果。

◆

什麼叫作不慌不忙？對強尼・摩爾（Johnnie Moore）、安東尼・昆（Anthony Quinn）和維維・麥克沃特斯（Viv McWaters）而言，「不慌不忙是一種生活和工作態度，其目的是了解我們的學習與成長能力。不慌不忙允許人們彼此之間，以及與所做的事情之間更加和諧一致。不慌不忙設定出最容易創造連結的步調。它既非快速，也非緩慢……而是感覺恰如其分的流動。」

摩爾和他的同事已經多年舉辦「不慌不忙會談」。這一切出乎意料地開始於摩爾和昆所參與的即興劇場。他們注意到隨著即興表演變得越狂熱和缺乏專注力，表演者與觀眾也變得比較不容易滿足。相形之下，「當步調正確，事情便會連結，而為了達成完美的藝術造詣，你必須在骨子裡有這種永恆存在的感覺，因為這是適當時機的祕密。不匆忙，不懶散。恰恰跟隨著事件進程的流動感，就像你隨著音樂起舞那樣，既不設法超前，也不落後。

——艾倫·沃茲（Alan Watts），《這重要嗎？》

奇妙的事也會自然浮現。」

不慌不忙會談，是讓人們放慢、傾聽、專注和談話不被打斷的一種方式，用來矯正許多人身陷瘋狂忙碌步調和沉悶無趣的急迫。不慌不忙會談運用一個簡單的方法來確保一次只有一個人發言——以某個物體作為發言物件，例如糖罐。只有拿著這件東西的人能開口說話，需要說多久都行。這個過程鼓勵人們專注於他們所說的內容，而其他人則休息、傾聽和等待，不必思考要說什麼來回應。摩爾說他注意到一件不是人們喋喋不休說上好幾個鐘頭的情境，而是相反的東西。

「事實上，我們發現藉由抑制干擾，確實維持住更簡明的表達。當人們知道自己不會被打斷，便比較不擔心，可以更清楚地思考和表達自我。再者，當人們真正感覺被傾聽，似乎會增進他們的專注力，並且覺得他們說的話具有意義。因此也能放慢，並傾向於不自我重複。

歷經多次這種談話後，我越來越明白只要給予人們一點思考和自我表達的空間，他們可以多麼令人驚奇。他們的談話是豐富且複雜的，減少了許多我們經常體驗到的注意力爭奪。」

在工作中，在我們忙碌的組織裡，不慌不忙的態度可能更具警覺心和創造力，留給新概念得以浮現的空間，也允許所有的聲音被聽見，包括最微弱的聲音。

羅伯・波因頓從一位意想不到的老師，也就是他的鉛管工那裡，學會如何在生活中採取比較不慌不忙的態度。出身英國的羅伯住在牙班西已經超過十年。「我在搬來這裡之前就認識胡安・卡洛斯（Juan Carlos），那時我們家正在蓋房子。那正是建築業景氣好的時候，意味著要設法協調所有人等投入如此一項計畫，比平常更加困難。」由於工作量太大，而從業人員太少，大家都忙得不可開交，計畫往往一再拖延。

等到胡安・卡洛斯終於現身工地來裝設排水管，羅伯急切希望他開始動工。然而，儘管胡安表示他**忙得要命**，卻毫無動靜。「他先是倚在他的箱型車旁看風景，跟建築工人閒聊。我加入談話，設法刺激或哄誘他開始幹活，起初用暗示的方式，後來變得更露骨，我激動的焦慮，洩露出異質的（英國都市人）和完全徒勞的光景。」大約將近二十分鐘過後，胡安展開行動，從箱型車取出他的工具。

羅伯歷經一連串快速變換的情緒：挫折、驚異和興味盎然。他納悶，「難道這是西班人**明天再說**的老套觀點的另一個實例（常被北歐人或美國人視為懶惰和無所事事）？這是鄉下人德性？只是胡安的個性？有這麼多事要做的人，怎能這樣慢吞否？該不會是在給自己打臉？」

等到進一步思考，羅伯開始察覺他一向抱持的假定。「立即行動是最重要的事。快速將事情完成比花時間欣賞人和地，以及與之建立關係更重要。不經思索一頭栽入，能更有效率地完成「事情」。時間本身是稀缺的資源，不該浪費在**無益的**閒聊。」

那天羅伯從胡安的行動方式，看出一種無意間流露的智慧，並開始質疑自己的假定。「什麼是匆忙？有的是時間做每件需要做的事，也有足夠的時間不去做。有的是時間欣賞當下，以及選擇何時是開始的好時機。他對我或對任何人都不負有義務，他自己擁有相當的權力。無論我多麼焦躁或急著想讓事情有所進展，那顯然是我自己的事，不是他的事，而且我的感覺和假定完全不影響他。」

對羅伯而言，對**明天**的負面看法反映出，非西班牙人對於行動和忙碌所抱持的隱性成見。他納悶是否「今日事今日畢的相反面，也就是明日事明日畢，就沒有價值？」根據羅伯的說法，「這種態度創造出空間，並賦予價值給單純的存在（自處和與別人相處）。這不正是生命的本質？」

羅伯的洞見呼應著強尼及其同事的洞見，他們認為「不慌不忙是我們與正在做的事情和諧一致時的步調。不慌不忙不必然代表進展緩慢，而是關乎找到一種方式來創造工作時我們彼此之間的共鳴。如果你觀賞進行到如火如荼的一級方程式賽車，會發現維修車輛的速度快到難以置信。他們能辨到，是因為練習以及對彼此動作的警覺性。活動緊湊的期間，反而能因深思的時間而獲得平衡。」

這些概念在《慢活》（*In Praise of Slow*）一書作者暨慢活運動發起人卡爾・歐諾黑（Carl Honore）的作品中得到呼應。歐諾黑表示慢哲學並非以蝸速做每件事，而是設法以**合適的**速度做每件事。這需要了解我們所處的運作背景和自己的預設與成見。這道出無為並非不活動或被動的矛盾之處。無為既非推，亦非拉；既非快，亦非慢，它遵循環境的自然步調。從態度中去除匆忙和強迫，能在我們的生活中產生更大的連結、覺察和效能。若按潮流的步調來看，我們是靜止的而且位於中心點。漂浮在順流而下的船上，我們相對於某個移動物體的速度等於零。我們乃是**動中之靜**。

具象化行動

要堅強，進入自己的身體；
在那裡你有堅實的立足之地。
仔細想一想！
不要到別的地方去！

——卡比爾（Kabir），〈我對體內的遲鈍生物如是說〉

在詹姆斯・喬伊斯（James Joyce）的短篇故事《憾事一樁》（*A Painful Case*）中，達菲先生（Mr Duffy）是一個膚淺的官僚，情感斷裂，沒有能力與人形成有意義的關係。喬伊斯寫道，「達菲先生活在與他的身體相隔一小段距離的地方。」如同達菲先生，我們許多人處在重視理性勝過身體與情感的文化中，過著脫離實體的生活。

◆

黛安娜：在我的領導力培養工作中，我常常遭遇一項挑戰，那便是人們不難理解複雜的理論概念，卻難以付諸實踐。舉例來說，要探討脆弱，和激烈爭辯何謂脆弱，以及脆弱與領導力的關聯性是容易的，但在緊要時刻，要處理脆弱問題並使之具象化則困難得多。

我逐漸發覺這個挑戰的根源在於，我們以人為方式區隔身體與心智。這對我個人來說也曾是一項挑戰。這些年來，我了解我偏愛智識層面，重視精確思考和明智判斷，勝過身體層面。我知道當我失去和身體的接觸，便會喪失關於情況進展的重要資訊。幾年前我和幾位同事參加了某個工作坊活動，因而讓我明白此事。

當時有一個練習要我們在房間裡到處走動，然後停在各自覺得舒適自在的地方。在聽取報告時，我了解到我走路時會弓著身子、眼睛朝下望，直至我找到靠近房間裡唯一一扇窗戶的位置，在那裡停下來，背對著我的同事。我的身體在那裡放鬆下來。我抬起頭，望向窗外，展開雙臂，彷彿準備飛出房間。在那個當下，我有了一個重要的洞察：我在我的工作環境中感受不到支持，一直下意識地準備要離開。這個洞察讓我有機會變得更具覺察和省思能力，更知道如何扮演好我的角色，而非光憑衝動行事。

◆

解讀環境是應付複雜情勢的重要技巧，這一切都始於能解讀別人的情緒和感覺。根據具象化引導師課程創辦人馬克・沃爾什（Mark Walsh）的說法，身體是資訊的豐富來源。馬克認為我們的姿勢、身體意向以及我們的移動方式，透露出我們的生命態度。舉例來說，身體前傾和用腳掌站立，比起以放鬆的姿態向後傾，是更加激動的意向。它表達出將來的傾向，專注於前方的事物。

這種姿勢可能會錯失享受當下，也無法與我們身旁的人進行連結。「與人合作可能變成指使的關係。這是最廣義的物化。其他人可能變成只是我們追求目標過程中的物件。即使身為具象化教師，我有時也發現自己失去連結，在搭乘倫敦地鐵時花時間看電子郵件。」

馬克鼓勵我們更深入覺察我們的姿勢，以及它對我們的生活所造成的影響。當我們感覺被相互矛盾的要求和日常挑戰擊潰時，這點尤其重要。當我們被各方勢力拉扯，我們需要回到中心點，在那裡我們可以穩住自己，保有鎮定和平衡感。為了達成此一目的，我們可以自問當下的**具象化**程度，保持平衡的姿勢，並提醒自己為何做現在所做之事。出自於靜止與當下，並連結到中心點的行動，往往比起出自焦慮和忙亂的行動更具效能。

藉由變得更具象化，與環境中可資利用的豐富資訊相連結，是無為的另一個重要面向。這給予我們與環境協調一致的機會，以便更加了解環境。從身體獲得的訊息幫助我們決定是否應該採取行動，並告知我們介入的性質。舉例來說，當麥可・亞當斯從事自由潛水時，在下潛的每個階段，他與他的身體、浮力的感覺、肺部中累積的壓力、呼吸的本能達到協調一致。他知道何時該隨著重力一起移動，什麼時候又該再度往回游。

在職場裡，與我們的身體協調一致，舉例來說，意味著留意我們開會時脈搏何時變快，並關注這項訊息，對此項訊息以及可能帶給我們的資訊感到好奇。我們是否會手掌冒汗，胃部肌肉緊縮？或許我們感覺自己的貢獻遭忽略，或者我們迴避說出某個明顯的問題，擔心可能在會議中造成衝突。如果我們失去與身體的連結，會冒著未傾聽豐富的感官資訊，草率採取行動的風險。這些覺知可以開啟新的洞察力，有效引領我們走向下一步。

對舊金山芭蕾公司前舞者馬提歐・克雷梅爾（Mateo Klemmayer）而言，修習芭蕾舞協助他培養出對身體，以及身體如何影響行動的深刻認識。馬提歐常年觀察舞者和分析他們的表現。他注意到當舞者緊張或感受到壓力時，他們的表現會大不相同，比較缺乏效能和不優雅。然而，我們用不著是訓練有素的舞者，也能看出依照固定套路跳舞的人，因為他們的動作看起來勉強和造作。相形之下，有些舞者能運用超乎編舞動作的自然律動。他們展現具有流動性的優雅和不費力氣，彷彿身體沿著一條看不見的路徑在流動。

◆

黛安娜：古典音樂會是共產時期羅馬尼亞常見的娛樂形式。我經常每隔幾週就參加一次音樂會，尤其當我的豎琴演奏家母親登臺表演時。有一次演出特別引人注目：那是由某位俄羅斯鋼琴家演奏的柴可夫斯基一號鋼琴協奏曲，他是一個穿著圓翻領毛衣的高瘦男士。

他坐在鋼琴前，完全靜止不動。當管弦樂團開始演奏時，他的手指在琴鍵上方短暫盤旋，然後以圓滑流暢的動作在琴鍵上滑行。他時而仰起頭，品味當下。在慢速樂章中，他的觸鍵纖弱細膩，然後在比較快速的樂段裡，他的雙手變成一片模糊。當他的手指在琴鍵上飛舞，我看見他臉上浮現出不同的情緒。彷彿他與鋼琴有種共生關係，在身體和情感上與鋼琴進行互動。他變成音樂。我聽得如痴如醉，忘記自己身處何時何地。至今我還記得當音樂在我體內迴響、眼淚湧出、身上起雞皮疙瘩以及頸部脈搏加速的感覺。

音樂會結束時，他暫時將雙手停留在琴鍵上，然後慢慢縮回來，全場聽眾對樂音的記憶流連不去。這是一場令人難忘的演出。當晚在回家的路上，我母親說：「你看得出來有些人是用靈魂在演奏，他們都是用這種方式與樂器互動。」

◆

一如舞者，音樂家的肢體動作和姿態同樣傳達出音樂演奏的內容，並影響到樂音的特性和品質。較乾淨、但也較機械化的演奏和以靈魂彈奏的音樂之間，兩者存在著差異，後者的表演帶有豐富的情感與表現力。跟隨著音樂、直接與作曲家心意相通的音樂家，不光是照樂譜彈奏音符。他們隨著身體的自然流動而演奏，將音樂**具象化**。

為了達到最高水準的表現，我們需要超越常規，遵循不可見的潮流，無論我們從事什麼工作。唯有將作為具象化，我們的行動才能變得不費力。

增進創造的能力

成為河流，便不再需要任何東西。那正是《金黃花的祕密》中所說：透過有為達成無為，透過努力達成不費力。但首先得有努力和作為——它會融化你，然後河流開始流動。就在這流動當中，河流已然抵達海洋。

——奧修（Osho），《祕中之祕》

普瑞媞．內爾（Preethi Nair）為了出版她的第一本書而放棄管理顧問工作。後來她成立了一家教導領導者如何講出好故事的公司。「投入這份工作七年之後，我感覺我已經失去我的敏銳度，只是在裝樣子。我害怕停滯。這棟精心建造的大廈使我如此忙碌、讓一切如此受壓抑和控制，它會發生什麼事？它是否會粉碎，洩露出一個表裡不一的人？最後，我停下來。我開始閱讀、散步，有時間與陌生人進行冗長的談話。某天，我聽到一個關於某位六十二歲女士的故事，她創造了令人驚奇的快樂表象，事實卻是她的整個成年生涯都是在想像中的平行世界度過。她的故事在我心頭揮之不去，所以我開始寫作。」

結果衍生了戲劇作品《紗麗布：整整五碼長》（*Sari: The Whole Five Yards*），普瑞娓不僅寫作和製作這齣戲，還演出其中的十五個段落。這齣戲真正的發想，出自她與女兒的互動。

「我不十分確定是什麼讓我鬼迷心竅，從 eBay 買來假髮和眼鏡，但某天下午，我和女兒們坐在一起，創造了一個角色，只是想看看演起來是什麼感覺。那時我的六歲女兒正好放學回家，我想停留在這個角色會是好玩的事。」

「媽咪，媽咪！」她對著我大喊。

「媽咪出門了。我來這裡照顧妳，但我實在不喜歡小孩。」

「好啊，我也不喜歡妳。我的媽咪在哪裡？」

「安佳麗（Anjali），是我呀。」我說。

「噢，媽咪。」她眉開眼笑。「妳還做了打扮。」

「沒錯，」我想，「我可以打扮。我可以演戲。」

「我不否認在我那目標取向的自我中，必定有個念頭說，『我要演這齣戲。』然而，在那當下，這不是我的本意。我只想給自己一個機會演戲，而不覺得有罪惡感。」

在好奇心的引領下，普瑞媞開始學習表演技術。她報名參加運用邁斯納技巧（Meisner technique）的課程，這種表演技巧專注於活在當下，還有誠實地對發生的事情做反應。「如果旅程在那裡結束，它必定已經綽綽有餘。」普瑞媞說。「學習誠實活在當下以及專心做事，除了手上的任務本身，沒有任何實質的獲益，向我展現我認為自己未曾擁有過的紀律和品質。在表演時我感覺到無比脆弱，但我盡我所能在當下誠實地回應。在許多方面，對我來說都是令人感到振奮和獲得解放的事。」

她的《紗麗布：整整五碼長》發展出自己的生命，已在倫敦西區上演。同時，普瑞媞回頭來輔導領導者，但這回她相信是帶著更多活在當下的感覺。對她而言這是一趟不曾間斷的旅行，得看看接下來她的好奇心要將她帶往何處。「我發現了以往甚至不知道它們存在的內心房間，其中一些陰暗嚇人。而在其他房間裡，我找到歡笑。我只知道它們的窗戶已經被打開，門也被解鎖。」

對普瑞媞而言，她的好奇心是「具有創造力的鋒刃」，讓事物在當下敞開的能力，以及「了解我們害怕探索的地方，或許正是我們保有最大天賦的地方」。她擁抱有為的正能力、精通其角色所需的紀律和習慣，也擁抱無為的負能力，遵從她的好奇心，讓事情浮現。因此，她能利用有為——無為連續體核心的創造性動能，即羅伯特・法蘭奇、彼得・辛普森和查爾斯・哈威所稱呼的，創造的能力。

成為水

別落入單一形式，要加以改編，建立你自己的形式，讓它成長，像水一樣。倒空你的心，沒有定形，像水一樣。……我的朋友，成為水吧。

——李小龍在《血灑長街》電視影集中飾演李宗（音譯）

身處在不停變動的世界，我們需要比較不僵固、更具適應力和彈性，以回應周遭所見的改變。就像水呈現容器的形狀，我們必須適應環境，不要積習難改。如同我們在第二章所探討的，如果我們讓任何角色來定義身分，便會冒著**受制於**伴隨該角色而來的責任與期望的風險。因而無法辨明我們的行動和行為是否適合所處的環境。像水一樣保持流動性，在回應不斷變動的要求時，能提供我們更多選擇，進而幫助我們更有意識地扮演某一角色，並輕輕持有它，為我們的工作效勞。

史蒂夫・查普曼透過創造面具和戴面具演出，探索角色的流動性。他分享了首次戴面具的經驗，以及此事如何在心理與生理層面改變他。「第一次見識到這傢伙的臉時，我深感驚異。他看起來不像我預期中的樣子。他看起來和放在桌上時完全不同。現在他擁有一張完整的臉和一副身體。」

史蒂夫的驚奇造成本能的能量激增。他描述他的嘴如何扭曲成奇怪的形狀，以配合從鏡子裡回瞪他的那張臉的其餘部分。這傢伙的肩膀和手臂相當怪異地朝不同方向移動——肩膀拱起，而手臂向下拉，手指箕張。他的雙腿僵硬。一種緊繃的感覺出自胸口，爆發成帶有喉音的呻吟聲，一出口就讓史蒂夫嚇了一跳。

「這是純粹本能展現的瞬間，發自我內心深處，發自我潛伏多年的人格部分。就在那時，這傢伙與我合而為一，莫爾摩（Mormo）於焉誕生。」史蒂夫利用莫爾摩，將他的意識內化，接觸到他人格中潛伏的部分。史蒂夫的身體不僅改變姿勢，他甚至描述在和莫爾摩合作後，他以過去不曾用過的方式運用聲音，因而喉嚨疼痛。

史蒂夫開始與別人合作，引領他們戴上面具，以富有創意的方式探索他們原先未被承認或受壓抑的新部分。有些極為內向的人因此學會自信地出現在眾人面前，還有人透過更多種行為進行實驗，讓他們的自我感變得具有流動性。「戴面具的人沒有被卡住和變僵固，他們往往描述變鬆弛的經驗，其中固定住的人格部分變成具有流動性和可塑性。」就像是水一樣。

我深植於此，但心無旁騖。

——吳爾芙，《海浪》（The Waves）

無為

為無為，則無不治。

——老子，《道德經》

勞倫斯・蕭特（Laurence Shorter）擁有多采多姿的職涯。由於無法在企業界獲得全然的滿足感，他成為脫口秀諧星、教練和作家，然而那時他還未找到他正在找尋的東西。直到某次經驗改變了他的整個人生觀。二〇〇七至二〇〇八年全球金融危機期間，勞倫斯寫下他的第一本書《樂觀是一種選擇》（*The Optimist: One Man's Search for the Brighter Side of Life*）。這本書表現良好，被翻譯成多種語言。勞倫斯展開旋風般的宣傳之旅，甚至上了電視。可是等到宣傳之旅的風潮結束後，他發現自己在家無事可做。他非但不感覺樂觀，反倒覺得精疲力竭，感到人生有史以來最嚴重的悲觀。「我感到窮極無聊、憤憤不平和冷漠。我提不起勁做任何事。

人們對我說，『為什麼不再寫本書？』我只覺得興趣缺缺。」

接連三個月，勞倫斯遵從某位朋友的建議，暫時先不做任何事。「我不閱讀、不寫作，必要的話，每天只在電腦前工作半小時。早起去公園蹓躂。」每天早上，勞倫斯坐在南倫敦斯特里漢姆（Streatham）有圍牆花園裡的長椅上。「我坐著凝望，屈服於這種不想做任何事的感覺。」慢慢地，他覺察到如悲傷般的症狀不停從心裡汩汩冒出來，同時感覺到這僵局所帶來有如「砲彈休克症」的創傷。

接下來發生的事讓勞倫斯嚇一跳。「某天，我拿起筆，開始胡亂畫漫畫。我有顏料，我有蠟筆，感覺像個孩子，興奮、沒經驗且純樸。我畫得並不特別好，但當我看著我畫的東西，我十分驚訝。我驚訝於這竟出自我的手。我沒有思考，未經計劃。它就這麼出現在紙上，我於是發現每位藝術家都已經知道的事。」他發現了創造空間、停止與等待，接著允許事物浮現的價值。

此次經驗是勞倫斯下一本書《懶，讓你變更好》（*The Lazy Guru's Guide to Life*）的靈感。曾經努力苦幹，卻發現自己身心俱疲的勞倫斯知道，要過日子有更好、更輕鬆的方式。「懶惰大師的理念在於我們不需要做任何事，便能活在當下、得到啟發、創造價值、被愛和創造愛。為求生存，我們必須做各種事，但若為了做真正重要的工作，我們需要創造無所事事的空間。」

在中國道家哲學中，人若順應自然的節奏，便會被視為智者。如同湍流中技術純熟的船伕，不會勉強對抗河水，拼命划船試圖戰勝水流，而是在適當的時機有效划槳，因為他明白必須做什麼，使他的船免於危險，順從水流且知曉水性，這便是無為。無為不代表無所行動，而是省力和自發的行動，毋需掙扎或過度使力。協調順應且從容遵循我們的能量，而不只是我們的意志。

對於英國薩里郡男女合校的第六學級暨心理學院院長詹姆斯・杜澤（James D' Souza）而言，「每位有經驗的學校老師所需培養、最重要的技巧是即興發揮。」他相信讓他勝任其職務的，是他活在當下、能適應和回應眼前人群的能力。

這番真知卓見來自於過去挫敗的經驗。詹姆斯以往會利用他慣用的工作單，迷人的PowerPoint簡報形式，仔細規劃課程和相關活動，但最後往往因為未預見的情況而走樣。詹姆斯於是學會進行較少的規劃，準備好讓事情在當下浮現。

有一件事引起注意：第六學級的某堂補充課請來一位校外演講者，該名退休老師受邀前來為學生講授東歐歷史。令詹姆斯驚愕的是，這位來賓分享了他在巴爾幹半島各地度假的照片。

「由於這是一所好學校，學生們很有禮貌。他們配合聽講，但越來越煩躁。星期五下午聚集了百來位十六至十八歲的學生，他們已經度過辛苦的一週，現在和朋友坐在溫暖的演講廳裡，眼睛開始下垂。他們覺得無聊，雖然沒有說出來，而這位退休老師似乎還沒注意到。」不過詹姆斯注意到了，開始有點焦躁不安。之後這位來賓在講演結束時還剩下二十分鐘空檔。

「我記得我走到演講廳前面，每個人滿懷期待地望著我。我不知道該說什麼，也不確定要做什麼。我指著某位學生，說：『隨便想一個數字。』」

「三。」

「好，面向你旁邊的人，想出三個問題，來問我們的演講者。開始！」我接著擺出一個一分鐘計時器，讓他們彼此討論。當然，當他們進行討論時，氣氛改變了。等時間一到，我來到前面，隨機挑選一位學生，要他再挑另一位學生，以此類推。

當然，會被挑中的可能性確保每個人提高注意力。事實證明，他們比我原先設想的更加留意聽講，也超過他們自己所以為的！他們知曉的事情超乎我的預期！這段時間變得成果滿滿，演講者感覺受到肯定，而大家都快樂準時地回家。

我現在變成以『想一個數字』策略而聞名，這個策略可運用於任何情況：他們必須記住多少項目；他們有多少分鐘完成某項任務，還有他們必須想出多少個問題。」

如同詹姆斯，雖然我們能為了做好自己的工作而事先準備，但環境總會給我們意料之外的挑戰。無論我們面對何種情況，藉由無為的自發性，我們可以相信自己擁有資源，能以有創意的方式回應局勢的需求。

我越來越相信順從以及盡可能不任性度日的好處。如果夠努力地嘗試，你幾乎能讓任何事發生，但這種嘗試在我看來，幾乎免不了有橫渡潮流的跡象，強迫事件往它們非自然的方向發展。你也許會辯駁，如果沒有某種程度的違抗自然，不可能完成任何事，然而坦白說，這樣矯揉造作的結果，令我厭惡。

——瑞秋・卡斯克，《輪廓》

什麼也不做

大自然是真正的完美主義者。

——福岡正信，《一根稻草的革命》

「永續栽培」（permaculture）一詞，於一九七〇年代後期在澳大利亞由大衛・霍姆格倫（David Holmgren）和比爾・默立森（Bill Mollison）所發展。根據默立森的說法，「永續栽培是一種與自然合作而非對抗的理念，也是歷經長時間的認真觀察，而非缺乏思考的行動；該理念就全部功能對系統進行檢視，而非只要求產量，並且允許系統展現自身的演變。」

藉由與自然功能以及與水、土地、太陽、動物、昆蟲等等的流動合作，永續栽培理念認為人類活動應該使系統更能各就其位，讓大自然做自己的事。在起初階段，永續栽培需要進行大量觀察、規劃和分析。然而長期而言，永續栽培只需較少的人為介入。當具體的行動涉及較少的控制與強迫，而更加關乎浮現與演變時，就會比較不費力。

一九九〇年代，對多種化學物質敏感的卡蘿・麥克多諾（Carol McDonough）在澳大利亞維多利亞省莫寧頓半島（Mornington Peninsula）建立了一座小型的永續栽培農場。「迦南」（Canaan）農場是她能遠離二十世紀的汽油和其他化學物質的安全生活空間。儘管有身體上的限制，她建設迦南，提供了奉行若干無為技巧的自足生活。她利用永續栽培原理創造出餵養她和許多訪客的園圃。她分享剩餘的農產，換取她無法提供的產品。她參與有機農場志工（WWOOF）計畫，該計畫提供人們短期打工換取食宿的機會。卡蘿經常告訴有機農場志工，他們吃的食物是半年前待在那裡的人種植的，現在他們是在為後來者準備食物。

濱海的砂質土壤是卡蘿早期面臨的挑戰，主要生長著互葉白千層灌叢。卡蘿秉持永續栽培的精神，從附近馬廄蒐集成車的馬糞、當地農場蒐集麥桿；蒐集石灰岩作為護蓋物，以及從當地蔬菜種植者那裡取得堆肥材料。一年之內，她擁有位於蒼白砂地上層、二十公分厚的肥沃土壤。這種深色的壤土種植出階梯狀園圃裡的小番茄、沿著走道生長的南瓜，芝麻菜以及多到往往任其結籽的萵苣。隨著每年兩次的施用堆肥，土壤變得自給自足。老化的蔬菜腐爛後，增添另一層土壤，來年春天就從土裡長出另一批番茄、南瓜和芝麻菜。

永續栽培的核心原理是與土地、水和陽光同步耕作。諸如番茄等需要大量陽光和水的農作物，栽種在屋後較低區域、控制溫度的網室內。需要遮蔽的農作物例如某些藥草，就種植於由互葉白千層提供遮蔭的屋後。隨處都能生長的農作物，例如芝麻菜和萵苣，則任其在園圃各處自行結籽。永續栽培鼓勵人們以不強制和不費力的方式務農，讓大自然決定什麼作物該種在什麼地方。不同於單一栽培農業，永續栽培創造出只需較短期努力的生態系。一旦系統建立起來，它們可以變得自給自足，偶爾才需要密集的人為介入。

艾莉森．海利（Alison Heeley）曾是迦南的有機農場志工，在迦南的經驗啟發她探索其他農場，包括在昆士蘭的一座農場，她在那裡發現與自然合作而非對抗的強大力量。艾莉森在昆士蘭省阿瑟頓高原馬蘭達（Malanda）的一個小農家打工留宿一個星期。雪莉（Shelley）的農場呈現馬蘭達以往的樣貌，四周是雨林樹木和熱帶植物，棲息著鳥類、樹袋鼠、負鼠、蛇類和其他許多生物。八十至一百年前，阿瑟頓高原的耕地曾經到處都是濃密的雨林。當森林因農耕和放牧目的而遭砍伐，不僅動物、鳥類、昆蟲和爬蟲類消失，連山谷裡的溪流也不見了。許多人相信溪流已經乾涸，事實擺在眼前。

當雪莉開始在她的農場谷地栽種雨林樹種時，受到鄰居的嘲笑。你幹麼費事？你只是在浪費寶貴的土地。你想達成什麼目的？你不可能改變任何事。但雪莉堅持下來，並相信如果她在小片谷地裡重新造林，溪流會再回來。

安（Anne）和一位朋友在雪莉的農場開始種樹後，在她的農場待了大約五年。「我們是有機農場志工，主要工作是剷除山谷裡可怕的馬櫻丹植物，替雨林植物創造更多生長空間。每當休息時，我們便坐在涼爽安靜的溪畔，雙腳泡在重生的溪流裡，看著蜻蜓飛掠過天空、翠鳥衝向水面、魚兒悠遊水中，還有昆蟲跳躍飛翔。」

雪莉不僅挽救了雨林和溪流，還帶回數十年以來阿瑟頓高原不復見的數百個物種。存在於一小片雨林裡的豐富生物，不僅讓人見識到短短五年中，憑藉保持沉著與耐心，堅持不懈地種植（和剷除）所能成就的事，也見識到大自然本身蘊含的驚人力量。雪莉一直堅信她能帶回溪流，但她不知道她復原的小小生態系能衍生出多少生命。

雪莉的鄰居對於她在她的土地上所造成的改變深感佩服：可用的水變多、土壤品質提升、溫度下降、生物多樣性增加，他們也打算挽救自己的小片雨林。

如果我們將組織當成自然生態系般對待、如果我們花費時間去發現事物在什麼地方和什麼條件下會繁衍興盛、如果我們除去多餘的事物，這一切究竟會怎樣？當我們克制住想要控制一切的需求，與自然世界和諧相處，又會如何？我們接著在下一章來探討。

我們想要更多效率、更多自主……上帝不允許，或許我們只需要世界上多一些些美麗……當人們有醜陋的想法，就只會生出醜陋的事物。但如果我們為更美麗的事物而努力，那麼我們便有更大的機會創造更美好的世界。

——艾倫・摩爾（Alan Moore），二〇一三年在荷蘭PINC（譯注，PINC：人、想法、自然與創意）會議發表演說

第 7 章

美麗的行動

我們回到新斯科細亞海邊的孤獨身影，雕塑家安迪・高茲渥斯的故事在書裡的一開頭曾被敘述。安迪的雕塑作品，用石頭堆疊而成的圓錐體，矗立在海邊，逐漸消失在湧進的潮水間，直到完全被淹沒。待潮水退去後再度出現，十足和諧地與海共存。

安迪雕塑作品之美麗和能量令人屏息。他與環境和諧運作，完全投入周遭世界並與之連結，沒有費力氣或控制。他能鬆手放開堤岸，與自然的能量達成協調一致。他的藝術作品臣服於海水的流動和潮汐的運動，利用它們的能量，順從它們的引導。這是**美麗的行動**的精髓。在無為的脈絡下，美麗的行動是本書中探討所有負能力的高潮：讓泥漿澄清、鬆手放開堤岸、河流知道它的目的地。安迪確切體現了美麗的行動，因為他具備上述所有三種能力。

關於美麗的行動的定義，我們援引哲學家康德於一七五九年出版的作品《嘗試思考關於樂觀的若干概念》（*An Attempt at Some Reflections on Optimism*）。對康德而言，**道德行動**取決於理性，其完成純粹出自責任。相形之下，美麗的行動則是擁抱整體生命的良善之舉。康德認為美麗的行動中沒有衝突和掙扎，因為行為者未被分割或撕裂。根據康德的說法，美麗的行動「展現能力，似乎不用費力辛苦地完成。」

挪威登山家、哲學家、行動派人士以及《明智的生態學》（*Ecology of Wisdom*）作者阿恩・內斯（Arne Nass），其理念奠基於康德上述的區分。他認為影響人們產生行動的傾向，而非強迫他們行動，可能是促成生態永續的關鍵。根據內斯的說法，我們透過教育、體驗、感覺的方式來創造美麗的行動，而非身為超然觀察者的理論化論述。「邀請人們採取美麗的行動，而非談論它們，並以滿懷這些行動的心來組織社會，可能產生對此類行動的認同和讚賞，以及成為至少可減少非永續性行為的決定性因素。」他在〈美麗的行動〉中寫道。

美麗的行動意指關注我們的生活，以及與周遭世界和人們的互動方式。它呼求我們採取行動，付諸一個更具決心且配合生命自然流動的行動。薩提斯・庫瑪（Satish Kumar）於一九六二年在哲學家羅素挺身反對原子彈，因公民不服從的罪名遭逮捕之後，發起聽見美麗的行動的召喚。「這是一個為了和平而坐牢的九十歲老人。他如此奮不顧身，而我只會袖手旁觀，算什麼年輕人？」薩提斯心想。

薩提斯與一位朋友結伴，決定展開和平朝聖之旅，從新德里的甘地墓出發，行程涵蓋世界四座核心首都：莫斯科、巴黎、倫敦和華盛頓。兩人旅行的特別之處在於以徒步進行——除搭船到英國和美國外，而且不花半毛錢。他們將完全仰賴陌生人慷慨提供食宿。

薩提斯的徒步之旅記錄在他的書《永無止境》（*No Destination*）中，帶領他穿越巴基斯坦、阿富汗、伊朗、亞美尼亞、喬治亞、高加索山脈，以及越過開伯爾山口到達莫斯科。然後前往波蘭、德國、比利時和法國，在那裡搭船渡越海峽，到英國與羅素會面。兩年半步行期間，薩提斯遇見無數的平民百姓，傳播他的和平訊息，其中對象包括哈洛德・威爾森（Harold Wilson）、赫魯雪夫、林登・詹森（Lyndon B. Johnson）和馬丁・路德・金恩的代表。

一九七三年，薩提斯返回英國，協助在德文郡成立舒馬赫學院（Schumacher College），從事生態學、領導與整體科學計畫，收錄來自全球各地的學生。在八十一歲時，薩提斯仍為了自然與和平積極奔走，經辦生態雜誌《復活》（*Resurgence*）。

薩提斯表示他的朝聖之旅是美麗的，「因為它非常簡單」。他說一旦事物變得複雜，就比較不美麗。「當事物簡單到像將一條腿擱在另一條腿後面、一隻腳擱在另一隻腳前面，這種簡單的行走與觸地的動作，以及感覺頭頂上的天空和腳底下的土地……身處自然之中是美麗的。」對薩提斯來說，「美是真與善產生的結果。希臘哲學家相信**真**本身是不足的。**真**必須伴隨著**善**。真可能顯得冷酷、直率、會造成傷害和不愉快，是某種赤裸裸的劍。所以真必須以善捆裹，以此方式運用內心的良善，才不致造成傷害，並提供保護。當真與善並存，美於焉產生。」

薩提斯的徒步旅程是美麗的，因為他與自然世界完全和諧相融。「美麗與和諧相伴共存。如果某件事物是和諧的，那麼它便是美麗的。和諧的生活是美麗的。沒有和諧，就不可能有美的存在。」

一九八三年，羅坦合作農場（Kibbutz Lotan）成立於以色列阿拉瓦（Arava）沙漠南部，體現了社區層級的美麗的行動。農場成員努力與彼此、與土地以及鄰居和諧共存。許多人主動選擇以不同方式過著與自然的流動同步，而非對抗的生活。在這座合作農場，人與土地的關係就如同人與人之間的關係一樣重要，都是互相扶持和授予權利的關係。

創始成員艾力克斯・西塞斯基（Alex Cicelsky）表示：「我之所以受到鼓舞，是因為我體驗到當人們與土地接觸時，土地的恢復力。這不是魔術，而是有關意圖。我看到越來越多的人、事和社區，將善待彼此與善待土地合而為一。我看見改變發生在我們園圃裡種植番茄的孩童身上，以及在巴爾的摩替番茄建造高設苗床的成人身上。」

這種生活方式非關控制或屈服。羅坦合作農場是倫理生活的典範，體現了一種不破壞、不疏離，而是使之連結與平靜的作為。就其本質而言，該農場是工作、行動、產生結果和計劃的場所。重要的是要如何生效和行動如何發生，以及能夠展示如何通往一種更恭敬、平和、非暴力的作為、生活、存在與工作方式。

在羅坦合作農場，行動的關鍵是關注合乎倫理的作為。美麗的行動促成對環境、他人和世界的正面成果，而非為了自私自利，或傾向於獲得金錢報酬或滿足虛榮心。這未必總是一件容易的事，但那並不要緊。美麗的行動鼓勵你對土地、對人、對鳥類做正確的事。這種作為存在著一種神聖性，因為它秉持在每個行動中不造成傷害的核心原則。

羅坦創意生態學中心（Lotan Center for Creative Ecology）首席永續栽培教師麥可・卡普林（Mike Kaplin）在《猶太教改革雜誌》（*Reform Judaism Magazine*）中表示：「如果我們能暫停一下，看看我們的生活，或許會明白我們需要、想要以及真正使我們快樂的一切，是簡單、無價且可能普遍存在的事物：家庭、朋友、愛和健康。相形之下，我們的消費文化驅使我們以獲取最新、最快、最有效能的新玩意兒來尋求快樂，但這種快樂不久之後便會消失。諷刺的是，儘管我們擁有這一切超省時的現代器具，但我們有多少時間可以跟鄰居打招呼、陪孩子玩耍以及拜訪家人和朋友？」

當我們專注於購買的需求、如何開拓事業，以及需要做什麼來達成驅策著我們的許多結果，我們的生活品質便日復一日遭侵蝕。這些憂慮雖說有根據，也是生活中不可或缺的部分，但它們接管我們的生活、剝奪我們的平靜、關係和美感到何等程度？如同羅坦合作農場居民的每日體驗，與大自然及他人的和諧相處，提供了關係、人生目的和幸福。

我們不盡然都得徒步踏上朝聖之旅，或者住在合作農場，才能在世界創造美麗的行動。美麗的行動理念可以成為我們日常生活的一部分：與大自然和他人和諧共存、與我們的遺產連結、向過去學習、活在當下以及專心為後世子孫創造光明的未來。在《新通才》（*The Neo-Generalist*）一書中，肯尼士・米克林（Kenneth Mikkelsen）和理查・馬丁（Richard Martin）探討此一**遺產思考**概念。「這關於當個好祖先，在你做決定和採取行動時，將未來世代、環境和永續發展列入考慮。但這也關乎當個好子孫，向過往經驗學習並以之為基礎，避免重蹈覆轍，增進發展與創新，保存故事且添加新篇章。」馬丁在部落格貼文中提出該概念。

麥克・麥卡尼（Mac Macartney）是慈善組織 Embercombe 的創辦人，該機構設於英國艾克希特（Exeter）、鄰近霍爾登森林（Haldon Forest）邊緣地帶。麥克與我們分享了一個闡述遺產思考概念的動人故事。他最早聽說子孫之火（Children's Fire），是在接受北美先民第一民族（First Nations）的指導時。這是一個關於古代智慧的故事與象徵，世世代代流傳，傳達讓世界變得更好的願景，以及啟發所有聽聞者展開一波波美麗的行動。

「某個冬夜裡，在加州北部海岸山區的林間空地，我坐在熊熊火焰旁，首次聽到子孫之火。我情緒緊繃，保持警覺，所以每一個字、手勢和眼神都富含深刻意義。即使當時我無從得知這次短暫的邂逅，將對我的人生造成多麼大的影響，我感覺它像是一切道路所通往之地，甚至在我學會走路之前。」麥克說。此後，子孫之火成為麥克的領導思考的基石。

子孫之火是一項誓言，保證顧及未出生者的福祉，無論人類與非人類，承認我們對彼此和地球的責任，以及在做出重大決定時，要考慮到長期的影響。說到底，無為的**美麗的行動**，就像是一項坐在子孫之火旁的誓言，保證我們的行動能護佑我們、我們的組織，以及替未來的世代維護好我們的環境。或許我們所能做的好事莫過於此。

誌謝

一切始於二〇一二年在哈佛大學的巧遇。一場愉快的談話，變成將我們的概念活化的夢想，接下來催生出我們的第一本書《為什麼思考強者總愛「不知道」？》。我們在第二本書接續這場談話，以及對於何謂妥適生活與領導的探討。一路上我們結交了許多新朋友。

二〇一六年五月在西班牙德埃薩・拉塞納（Dehesa La Serna），我們最初的構思夥伴 Rob Poynton，在一個充滿創意的週末，大方與我們分享他的家族農場住居。我們一起玩樂、合作、實驗（以及大啖美食美酒）、激發新點子和新友誼。

我們要感謝 Richard Martin，本書的良師、編輯和不可或缺的益友，在結構、風格和內容方面提供寶貴的支持與深具洞察力的建議。

感謝 Benjamin Erben 和 Maria Helena Toscano 持續與我們合作，以他們創意傑出的插圖和設計，生動傳達我們的想法。感謝 Martin Liu、Sara Taheri 和 LID 的團隊，參與本書的出版。

感謝每一位與我們分享故事、想法和書寫的人。我們感激你的貢獻，即便我們無法收錄全部的故事。大力感謝閱讀後階段原稿並提供回饋和推薦的人。

Chris Alder, Daniela Andreescu, Richard Barrett, Lisa Berkovitz, Valerio Bisignanesi, Jeremy Bowell, Henri Bour, Margie Braunstein, Claire Breeze, Traian Bruma, Jamie Catto, Steve Chapman, Michelle Chaso, Brian Chossek, Alex Cicelsky, Susan Coughlan, Carolyn Coughlin, Ryan Crozier, Zanete Drone, James D' Souza, Fiona Ellis, Sam Ferrier, Nic Frank, Charo Garzon, Jonathan Gosling, Amy Han, Kay Hannaford, Alison Heeley, Margaret Heffernan, Gary Hirsch, Jill Hufnagel, Peter Hutton, Kabir Kadre, Neveen Khalil, Burak Koyuncu, Susan Ksiezopolski, Mateo Klemmayer, Rita Klemmayer, Kim Koop, Satish Kumar, Carsten Lind, Paul Linden, Justine Lutterodt, Michelle Macauley, Jeremy Mah, Ed Mairis, Jack Marmorstein, Mac Macartney, Carol McDonough, Dorothy Martin, Geoff Mendal, Megumi Miki, Johnnie Moore, Dr Azita Moradi, Arvinder Mudhar, Preethi Nair, Suzana Nikiforova, Derek Oakley, Richard Olivier, Rebekah O' Rourke, Mei Ouw, Anita Paalvast, Annik Petrou, Joseph Pistrui, Rob Poynton, Paul Price, Anand Rao, Samir Rath, Vicki Renner, Aurelia Rogalli, Ana Roque, Nick Ross, Roz Savage, Mark Searle, Arlindo Serroa, Laurence Shorter, Jackie Smith, Ian Snape, Delia Spatareanu, Neil Spencer, Mihaela Stancu, Heimo Stohrmann, Itay Talgam, Andy Tattersal, Maria Thissen, Margareth Thomas, Mark Walsh, Gerald West, James Wilson.

特別感謝 Vicki Renner 接受訪談和提供絕佳的故事，還有 Dale Renner 的批判性意見與無止境的支持。

也要感謝 Executive Development Group 的夥伴 Lily Kelly-Radford 博士的支持。

我們謹向許多作家、詩人和學者表示謝忱，其作品在本書中被引用，他們是我們源源不絕的寫作靈感來源。

參考文獻

Achor, *Shawn. The Happiness Advantage: The Seven Principles of Positive Psychology that Fuel Success and Performance at Work.* London: Virgin Books, 2011.

Achor Shawn. "The Happiness Dividend." *Harvard Business Review.* 23 June 2011. Accessed 19 October 2017. http://bit.ly/2yw6ksy

Adams, Michael. "Salt Blood." *Australian Book Review* 392 (June - July 2017). Accessed 19 October 2017. http://bit.ly/2rdnfeY

Amabile, Teresa, Constance N. Hadley and Steven J. Kramer. "Creativity Under the Gun." *Harvard Business Review*. August 2002. Accessed 19 October 2017. http://bit.ly/2yALe9J

Andreescu, Daniela. *Cum traversezi un curcubeu.* Bucharest: Editura Herald, 2013.

Armstrong, Karen. *Twelve Steps to a Compassionate Lif*e. New York: Anchor, 2011.

Atwood, Margaret. *Morning in the Burned House*. New York: Houghton Mifflin, 1996.

Ayot, William. "A Doodle at the Edge." In *E-Mail from the Soul.* Glastonbury: PS Avalon, 2012.

Bakewell, Sarah. *At the Existentialist Cafe: Freedom, Being and Apricot Cocktails*. London: Chatto & Windus, 2016.

Barrett, Frank J. Yes to the Mess: *Surprising Leadership Lessons from Jazz.* New York: Harvard Business Review Press, 2012.

Baudelaire, Charles. *The Painter of Modern Life*. Translated by P.E. Charvet. London: Penguin Classics, 2010.

Bauer, I.A., and R.F. Baumeister. "Self-Regulatory Strength." *Handbook of Self-Regulation: Research, Theory and Applications*, edited by R.F. Baumeister and K.D. Vohs. New York: Guilford Press, 2011.

Bauman, Zygmunt. *Liquid Modernity*. Cambridge: Polity Press, 2000.

Beer, David. "Is Neoliberalism Making You Anxious? Metrics and the Production of Uncertainty." *London School of Economics British Politics and Policy Blog*. 24 May 2016. Accessed 19 October 2017. http://bit.ly/1OKVfBu

Belton, Teresa. "How Kids Can Benefit from Boredom." *The Conversation*. 23 September 2016. Accessed 19 October 2017. http://bit.ly/2cMzAPy

Benjamin, Walter. Charles Baudelaire: *A Lyric Poet in the Era of High Capitalism*. Translated by Harry John. London: Verso, 1997.

Berry, Wendell. What are People For? *Essays. Berkeley*, CA: Counterpoint, 2010.

Biguenet, John. *Silence*. London: Bloomsbury Academic, 2015.

Bly, Robert. *Selected Poems of Rainer Maria Rilke*. New York: Harper and Row, 1981.

Bly, Robert, ed. *The Kabir Book: Forty-Four of the Ecstatic Poems of Kabir*. Boston, MA: Beacon Press, 1993.

Borges, Jorge Luis. "A New Refutation of Time." [1946] In *Labyrinths: Selected Stories and Other Writings*. Translated by James E. Irby. London: Penguin, 1970.

Bourdieu, Pierre. *The Field of Cultural Production*. Cambridge: Polity Press, 1993.

Brickman, Philip, Dan Coates, and Ronnie Janoff-Bulman. "Lottery Winners and Accident Victims: Is

Happiness Relative?" Journal *of Personality and Social Psychology* 36, no. 8 (1978): 917 – 27.

Broderick, Elizabeth. *Cultural Change: Gender Diversity and Inclusion in the Australian Federal Police*. August 2016. Sydney: Elizabeth Broderick & Co. Accessed 19 October 2017. http://bit.ly/2gValMU

Brom. *The Child Thief: A Novel.* New York: Harper Voyager, 2009.

Brown, Brene. *Rising Strong: How the Ability to Reset Transforms the Way We Live, Love*, Parent, and Lead. New York: Random House, 2017.

Brown, Brene. *The Gifts of Imperfection: Let Go of Who You Think You' re Supposed to Be and Embrace Who You Are. Center City*, MN: Hazelden Publishing, 2010.

Brown, G. Spencer. *The Laws of Form*. London: Allen & Unwin, 1969.

Browning, Robert. *Men and Women*. London: Everyman, 1993.

Bruch, Heike, and Sumantra Ghoshal. *A Bias for Action: How Effective Managers Harness Their Willpower, Achieve Results, and Stop Wasting Time*. New York: Harvard Business School Press, 2004.

Burch, Mark. *Stepping Lightly: Simplicity for People and the Planet*. Gabriola Island, BC: New Catalyst Books, 2000.

Cage, John. *Silence: Lectures and Writings, 50th Anniversary Edition. Wesleyan*, 2011. Kyle Gann, contributor.

Cain, Susan. *Quiet: The Power of Introverts in a World That Can' t Stop Talking*. New York: Crown Publishing Group, 2012.

Cain, Susan. "The Rise of the New Groupthink." *The New York Times*. 15 January 2012. Accessed 19 October 2017. http://nyti.ms/1g0X2RF

Camus, Albert. *The Myth of Sisyphus and Other Essays*. Translated by Justin O' Brien. New York: Vintage,

1991.

Cantor Arts Center at Stanford University, "News Room – Andy Goldsworthy Sculpture, Stone River, Enters Stanford University' s Outdoor Art Collection." 4 September 2001. Accessed 19 October 2017. http://stanford.io/2xUVbC8

Carey, Nessa. *Epigenetics Revolution: How Modern Biology Is Rewriting Our Understanding of Genetics, Disease, and Inheritance*. New York: Columbia University Press, 2013.

Catto, Jamie. *Insanely Gifted: Turn Your Demons into Creative Rocket Fuel*. Edinburgh: Canongate Books, 2017.

Cavafy, C.P. *The Complete Poems of Cavafy: Expanded Edition*. New York: Mariner Books, 1976.

Chang, Ha-Joon. *Bad Samaritans: The Myth of Free Trade and the Secret History of Capitalism*. London: Bloomsbury, 2009.

Chödrön, Pema. *Comfortable with Uncertainty: 108 Teachings on Cultivating Fearlessness and Compassion. Boulder*, CO: Shambhala Publications, 2003.

Chödrön , Pema. *Living Beautifully with Uncertainty and Change*. Boulder, CO: Shambhala Publications, 2013.

Chödrön , Pema. *The Places That Scare You: A Guide to Fearlessness in Difficult Times*. Boulder, CO: Shambhala Classics, 2002.

Claxton, Guy. *Intelligence in the Flesh: Why Your Mind Needs Your Body Much More Than It Thinks*. New Haven, CT: Yale University Press, 2015.

Csikszentmihalyi, Mihaly. *Flow: The Psychology of Happiness*. New York: HarperCollins, 2011.

Coughlin, Carolyn. "Building the capacity to decline." 9 August 2011. Accessed 29 October 2017. http://

www.cultivatingleadership.co.nz/embodied-leadership/2011/08/building-the-capacity-to-decline

Cuddy, Amy. *Presence: Bringing Your Boldest Self to Your Biggest Challenges*. New York: Little, Brown and Company, 2015.

Cusk, Rachel. *Outline*. London: Vintage, 2016.

Cusk, Rachel. *Transit*. London: Jonathan Cape, 2016.

David, Benjamin, ed. *Seven Days, Many Voices: Insights into the Biblical Story of Creation*. New York: CCAR Press, 2017.

Davies, Will. The Limits of Neoliberalism: *Authority, Sovereignty and the Logic of Competition*. London: Sage, 2016.

de Botton, Alain. Status *Anxiety*. New York: Pantheon Books, 2004.

Doidge, Norman. *The Brain That Changes Itself: Stories of Personal Triumph from the Frontiers of Brain Science*. London: Penguin 2008.

D' Souza, Steven, and Diana Renner. *Not Knowing: The Art of Turning Uncertainty into Opportunity*. London: LID, 2014.

Dudley, Will, and Kristina Engelhard. *Immanuel Kant: Key Concepts*. Abingdon: Routledge, 2014.

Dyer, Geoff. *The Search*. London: Penguin, 1995.

Eliot, T.S. *Four Quartets* (Poet to Poet: An Essential Choice of Classic Verse). London: Faber & Faber, 2009.

Elkin, Laura. *Flaneuse: Women Walk the City in Paris, New York, Tokyo, Venice and London*. London: Chatto & Windus, 2016.

Ferry, Luc. *A Brief History of Thought: A Philosophical Guide to Living* (Learning to Live). New York:

Harper Perennial, 2011.

Fitzgerald, F. Scott. *The Crack-Up*. New York: New Directions, 2009. Edited by Edmund Wilson.

Fletcher, Alan. *The Art of Looking Sideways*. London: Phaidon Press, 2001.

Flowers, Betty Sue. *The American Dream and the Economic Myth: Essays on Deepening the American Dream*. Kalamazoo, MI: Fetzer Institute, 2007.

Flowers, Betty Sue. "The Dueling Myths of Business." *Strategy + Business*. 26 February 2013, 70 (Spring 2013). Accessed 19 October 2017. http://bit.ly/2zD2882

Francis, John. *The Ragged Edge of Silence*. Washington, DC: National Geographic Society, 2011.

Frankl, Viktor E. *Man' s Search for Meaning: The Classic Tribute to Hope from the Holocaust*. London: Ebury Publishing, 2004.

French, Robert, Peter Simpson and Charles Harvey, " 'Negative Capability' : A Contribution to the Understanding of Creative Leadership." In *Psychoanalytic Studies of Organizations: Contributions from the International Society for the Psychoanalytic Study of Organizations*. Edited by B. Sievers, with H. Brunning, J. De Gooijer, L.J. Gould, and R.R. Mersky. London: Karnac Books, 2009.

Fukuoka, Masanobu. *The One-Straw Revolution: An Introduction to Natural Farming*. New York: NYRB Classics, 2010.

Furnham, Adrian. "The Curse of Perfection: When Everything Must Be Perfect, Can Anything Ever Be Good Enough?" *Psychology Today*. 12 February 2014. Accessed 19 October 2017. http://bit.ly/1VfXjr0

Gleiser, Marcelo. *The Island of Knowledge: The Limits of Science and the Search for Meaning*. New York: Basic Books, 2014.

Gleiser, Marcelo. *The Simple Beauty of the Unexpected: A Natural Philosopher' s Quest for Trout and the*

Meaning of Everything. Lebanon, NH: ForeEdge, 2016.

Hoggard, Liz. "Life Looks Good on the Surface – So Why Are We All So Lonely?" *The Telegraph*. 23 April 2017. Accessed 19 October 2017. http://bit.ly/2q3NpgM

Goffee, Rob, and Gareth Jones. *Why Should Anyone Be Led by You? What it Takes to be an Authentic Leader*. Boston, MA: Harvard Business Press, 2006.

Goleman, Daniel. *The Brain and Emotional Intelligence: New Insights*. Florence, MA: More Than Sound LLC, 2011.

Grant, Adam. *Give and Take: Why Helping Others Drives Our Success*. London: Weidenfeld Nicolson, 2013.

Gros, Frederic. *A Philosophy of Walking*. London: Verso Books, 2015.

Gulati, Ranjay, Charles Casto, and Charlotte Krontiris. "How the Other Fukushima Plant Survived." . July – August, 2014. Accessed 19 October 2017. http://bit.ly/1S61sJM

Gunatillake, Rohan. *This is Happening: Redesigning Mindfulness for Our Very Modern Lives.* London: Bluebird, 2016.

Harrison, Roger. "Leadership and Strategy for a New Age." In *The Collected Papers of Roger Harrison.* New York: McGraw-Hill, 1995.

Heifetz, Ronald, and Marty Linsky. *Leadership on the Line: Staying Alive Through the Dangers of Leading*. Boston, MA: Harvard Business School Press, 2002.

Heifetz, Ronald, Alexander Grashow, and Marty Linsky. The Practice of Adaptive Leadership: Tools and Tactics for Changing Your Organization and the World. Boston, MA: Harvard Business Press, 2009.

Hobbes, Thomas. *Leviathan*. London: Penguin Classics, 1982.

Holmes, Jamie. *Nonsense: The Power of Not Knowing*. New York: Crown, 2015.

Honore, Carl. *In Praise of Slow: In Praise of Slow: How a Worldwide Movement is Challenging the Cult of Speed*. Orion, 2005.

Hopson, Barrie, and Katie Ledger. *And What Do You Do? 10 Steps to Creating a Portfolio Career*. London: A & C Black Publishers, 2009.

Housden, Roger. *Dropping the Struggle: Seven Ways to Love the Life You Have*. Novato, CA: New World Library, 2016.

Ibarra, Herminia. *Working Identity: Unconventional Strategies for Reinventing Your Career*. Boston, MA: Harvard Business School Press, 2004.

Illes, Katalin. "Being Well and Leading Well." Paper presented at the Leading Wellbeing Research Festival in Ambleside, UK, 16 – 18 July 2015. Accessed 19 October 2017. http://bit.ly/2yC5x8F

Jabr, Ferris. "Why Your Brain Needs More Downtime." *Scientific American*. 15 October 2013. Accessed 19 October 2017. http://bit.ly/2frvc7T

Jackson, Phil. Sacred Hoops: *Spiritual Lessons as a Hardwood Warrior*. New York: Hyperion, 2008.

Jaworski, Joseph. Source: *The Inner Path of Knowledge Creation*. San Francisco, CA: Berrett-Koehler Publishers Inc., 2012.

Joyce, James. *Dubliners*. Ware: Wordsworth Classics, 2013.

Jung, Rex E., Brittany S. Mead, Jessica Carrasco, and Ranee A. Flores, "The Structure of Creative Cognition in the Human Brain." *Frontiers in Human Neuroscience*. 8 July 2013. Accessed 19 October 2017. http://bit.ly/2gThVb2

Kabat-Zinn, John. *Coming to Our Senses: Healing Ourselves and the World Through Mindfulness*. New York: Hyperion, 2005.

Kahneman, Daniel. *Thinking, Fast and Slow*. London: Penguin, 2012.

Kant, Immanuel. *Theoretical Philosophy, 1755 – 1770*. Translated and edited by David Walford in collaboration with Ralf Meerbote. Cambridge: Cambridge University Press, 2002.

Kanter, Rosabeth Moss. *SuperCorp: How Vanguard Companies Create Innovation, Profits*, Growth, and Social Good. London: Profile Books, 2010.

Kanter, Rosabeth Moss. "Top Ten Ways to Find Joy at Work." *Harvard Business Review*. 19 October 2009. Accessed 19 October 2017. http://bit.ly/2yzGD7L

Kaplin, Mike. "Earthcare: An Ethical Culture Designed to Save our Planet and Ourselves," *Reform Judaism Magazine*. Winter 2009. https://reformjudaismmag.org/

Kaufman, Scott Barry. "Dreams of Glory." *Psychology Today*. 11 March 2014. Accessed 19 October 2017. http://bit.ly/2xTfWxO

Keats, John. *The Letters of John Keats: A Selection*. Edited by Robert Gittings. Oxford: Blackwell, 1970.

Keegan, Robert. *In Over Our Heads: The Mental Demands of Modern Life*. Cambridge, MA: Harvard University Press, 1995.

Kets de Vries, Manfred F.R. "Doing Nothing and Nothing to Do: The Hidden Value of Empty Time and Boredom." Faculty & Research Working Paper2014/37/EFE. Fontainebleau Cedex: INSEAD, 2014.

Key Chapple, Christopher, ed. The Bhagavad Gita: *Twenty-Fifth-Anniversary Edition*. Albany, NY: State University of New York Press, 2010.

Kierkegaard, Soren. *Kierkegaard' s Writings, VIII: The Concept of Anxiety: A Simple Psychologically Orienting Deliberation on the Dogmatic Issue of Hereditary Sin*. Edited and translated by Reidar Thomte in collaboration with Albert. B. Anderson. Princeton, NJ: Princeton University Press, 2013.

Kotler, Steven. *The Rise of Superman: Decoding the Science of Ultimate Human Performance*. New York: New Harvest, 2014.

Kovach, Steve. "Working Yourself to Death Isn' t Worth It, and Silicon Valley Is Starting to Realize That." *Business Insider*. 24 June 2017. Accessed 20 October 2017. http://uk.businessinsider.com/why-silicon-valley-glorifies-culture-of-overwork-2017-6?r=US&IR=

Kreider, Tim. "The 'Busy' Trap." *The New York Times*. 30 June 2012. Accessed 20 October 2017. https://opinionator.blogs.nytimes.com/2012/06/30/the-busy-trap/

Krznaric, Roman. *Carpe Diem Regained: The Vanishing Art of Seizing the Day*. London: Unbound, 2017.

Krznaric, Roman. "Reclaiming Carpe Diem: How Do We Really Seize the Day?" *The Guardian*. 2 April 2017. Accessed 20 October 2017. http://bit.ly/2nwjtJd

Kull, Robert. *Solitude: Seeking Wisdom in Extremes: A Year Alone in the Patagonia Wilderness*. Novato, CA: New World Library, 2009.

Kumar, Satish. *No Destination: An Autobiography of a Pilgrim*. Cambridge: Green Books, 1990.

Kundera, Milan. *Slowness*. Translated by Linda Asher. London: Faber & Faber, 1996.

Laloux, Frederic. *Reinventing Organizations: A Guide to Creating Organizations Inspired by the Next Stage of Human Consciousness*. Brussels: Nelson Parker, 2014.

Lamott, Anne. *Bird by Bird: Some Instructions on Writing and Life*. New York: Pantheon, 1994.

Langer, Ellen. "The Illusion of Control." *Journal of Personality and Social Psychology* 32, no.2 (1975): 311 – 28.

Lao-Tzu. *Tao Te Ching: The Book of the Way*. Translated by Stephen Mitchell. London: Kyle Books, 2011.

Le Guin, Ursula K. "The Election, Lao Tzu, a Cup of Water." 21 November 2016. Accessed 19 October

2017. http://bit.ly/2xb2Jfw

Leski, Kyna. *The Storm of Creativity*. Cambridge, MA: MIT Press, 2015.

Lewis, Sarah. *The Rise: Creativity, the Gift of Failure, and the Search for Mastery.* New York: Simon & Schuster, 2015.

Linden, Paul. *Embodied Peacemaking: Body Awareness, Self-regulation and Conflict Resolution.* Columbus, OH: CCMS Publications, 2007.

Lupu, Ioana, and Laura Empson. "Illusio and Overwork: Playing the Game in the Accounting Field." *Accounting, Auditing & Accountability Journal* 28, no. 8 (2005): 1310 – 40.

Machado, Antonio. *Border of a Dream: Selected Poems.* Translated by Willis Barnstone. Copper Canyon Press, 2003.

MacLeod, Hugh. *Ignore Everybody: And 39 Other Keys to Creativity*. Uxbridge: Portfolio, 2009.

March, James. "The Technology of Foolishness." Civilokonomen 18, no. 4 (1971): 4 – 12.

Martin, Richard. "Legacy Thinking." 8 April 2017. https://indalogenesis.com/2017/04/08/legacy-thinking/

Maslow, Abraham. *Motivation and Personality*. Joanna Cotler Books; 2nd edition, 1970.

Matousek, Mark. *When You' re Falling, Dive: Lessons in the Art of Living*. New York: Bloomsbury, 2008.

May, Gerald G. *Addiction and Grace: Love and Spirituality in the Healing of Addictions*. New York: HarperCollins Publishers Inc., 1998.

McKeown, Greg. "Why We Humblebrag About Being Busy." *Harvard Business Review*. 6 June 2014. Accessed 20 October 2017. https://hbr.org/2014/06/why-we-humblebrag-about-being-busy

Medina, John. *Brain Rules: 12 Principles for Surviving and Thriving at Work, Home and School*. Seattle, WA: Pear Press, 2014.

Merton, Thomas. *Conjectures of a Guilty Bystander*. New York: Doubleday, 1966.

Merton, Thomas. *Disputed Questions*. New York: Farrar, Straus and Cudahy, 1965.

Merton, Thomas. *The Way of Chuang Tzu*. New York: New Directions, 2010.

Mikkelsen, Kenneth, and Richard Martin. *The Neo-Generalist: Where You Go is Who You Are*. London: LID, 2016.

Miller, Henry. *The Wisdom of the Heart*. New York: New Directions, 1960.

Miller, Jeffrey A. *The Anxious Organization: Why Smart Companies Do Dumb Things*. N.p.: Facts on Demand Press, 2002.

Miller, Timothy. *How to Want What You Have*. New York: Avon Books, 1995.

Mitchell, Byron Katie. *Loving What Is: Four Questions That Can Change Your Life*. London: Rider, 2002.

Mitchell, Stephen. *The Bhagavad Gita*. London: Ebury Digital, 2010.

Mollison, Bill, and Reny Mia Slay. *Introduction to Permaculture*. Tasmania: Tagari, 1995.

Morgan, Gareth. *Images of Organization*. Thousand Oaks, CA: Sage, 1986.

Morrison, Toni. *Song of Solomon*. London: Vintage, 2004.

Naess, Arne. "Beautiful Action: Its Function in the Ecological Crisis." *Environmental Values* 2, no. 1 (1993): 67–71.

Naess, Arne. *Ecology of Wisdom*. London: Penguin Classics, 2016.

Neff, Kristin. *Self-Compassion: Stop Beating Yourself Up and Leave Insecurity Behind*. New York: HarperCollins, 2011.

Neruda, Pablo. *Extravagaria: A Bilingual Edition*. Translated by Alastair Reid. New York: Noonday Press, 2001.

Norris, Gunilla. *Inviting Silence: Universal Principles of Meditation*. New York: Bluebridge, 2004.

O' Donohue, John. *To Bless the Space Between Us: A Book of Blessings*. New York: Doubleday, 2008.

Osho. *The Secret of Secrets: Secrets of the Golden Flower*. London: Watkins Publishing, 2014.

Palfrey, John, and Urs Glasser. *Born Digital: Understanding the First Generation of Digital Natives*. New York: Basic, 2008.

Palmer, Parker J. *A Hidden Wholeness: The Journey Toward an Undivided Life*. San Francisco, CA: Jossey-Bass, 2004.

Palmer, Parker J. "Seeking Sanctuary in Our Own Sacred Spaces." *On Being*. 14 September 2016. Accessed 20 October 2017. http://bit.ly/2yV3vlk

Partnoy, Frank. *Wait: The Art and Science of Delay*. London: Profile Books, 2012.

Perel, Esther. "7 Verbs . . . Better Loving." The Relationship Blog. May 2015. Accessed 10 December 2017. http://www.therelationshipblog.net/2017/05/7-verbs-better-loving-e-perel/

Peters, Tom, and Robert H. Waterman, Jr. *In Search of Excellence: Lessons from America' s Best-Run Companies*. New York: HarperBusiness, 2006.

Phillips, Adam. *On Kissing, Tickling and Being Bored*. London: Faber & Faber, 1993.

Pinter, Harold. *Landscape and Silence*. New York: Grove/Atlantic, 1970.

Powell, Richard. *Wabi Sabi Simple*. Avon, MA: Adams Media, 2004.

Raichlen, David A., Pradyumna K. Bharadwaj, Megan C. Fitzhugh, Kari A. Haws, Gabrielle-Ann Torre, Theodore P. Trouard, and Gene E. Alexander. "Differences in Resting State Functional Connectivity between Young Adult Endurance Athletes and Healthy Controls." *Frontiers in Human Neuroscience Journal*. 29 November 2016. https://doi.org/10.3389/fnhum.2016.00610

Rapaille, Clotaire, and Andres Roemer. *Move Up: Why Some Cultures Advance While Others Don' t*. London: Allen Lane, 2015.

Reynolds, Gretchen "Running as the Thinking Person' s Sport." *The New York Times*. 14 December 2016. Accessed 20 October 2017. http://nyti.ms/2gr6Ld0

Ricard, Matthieu. *Happiness: A Guide to Developing Life' s Most Important Skill*. London: Atlantic Books, 2015.

Rilke, Rainer Maria. *Letters to a Young Poet*. Translated by M.D. Herter Norton. New York: W.W. Norton & Company, 1993.

Rilke, Rainer Maria. *Rilke' s Book of Hours*: Love Poems to God. Translated by Anita Barrows and Joanna Macy. New York: Riverhead Books, 2005.

Rilke, Rainer Maria. *In Praise of Mortality: Selections from Rainer Maria Rilke' s Duino Elegies and Sonnets to Orpheus*. Translated by Anita Barrows and Joanna Macy. Echo Point Books & Media; Revision ed. edition, 2016.

Robinson, Marilynne. *The Givenness of Things*. New York: Farrar, Straus and Giroux, 2015.

Rodenburg, Patsy. *Presence: How to Use Positive Energy for Success in Every Situation*. London: Penguin, 2009.

Rose, Barbara, ed. *Art-as-Art: The Selected Writings of Ad Reinhardt*. New York: Viking Press, 1975.

Russell, Bertrand. *The Conquest of Happiness*. New York: Liveright, 2013.

Rutter, John. "A Gaelic Blessing." http://www.amaranthpublishing.com/GaelicBlessing.htm

Salamo, Lin. "More About the Playful Mark Twain." *Bancroftiana*. Spring 2007. Accessed 20 October 2017. http://bit.ly/2xVBidQ

Sallis, James. *Renderings*. Seattle, WA: Black Heron Press, 1995.

Scharmer, Claus Otto. *Theory U: Leading from the Future as it Emerges*. Oakland, CA: Berrett-Koehler Publishers, 2008.

Scharmer, Claus Otto. "Three Gestures of Becoming Aware: Conversation with Francisco Varela." *Presencing Institute*. 12 January 2000. Accessed 20 October 2017. http://bit.ly/2xSC1YC

Seaton, Matt. "The Wanderer: In Praise of the Randonnee." *Rouleur*. 22 December 2015. Accessed 20 October 2017. http://bit.ly/2hRAgVH

Sedlak, Emma. *What Slight Gaps Remain*. N.p.: Blue Hour Press, 2016.

Seneca. *Dialogues and Letters*. Translated by C.D.N. Costa. London: Penguin, 1997.

Shaya, Gregory. "The Flaneur, the Badaud, and the Making of a Mass Public in France, circa 1860–1910." *The American Historical Review* 109, no.1 (2004): 41–77.

Shorter, Laurence. *The Lazy Guru's Guide to Life: The Mindful Art of Achieving More by Doing Less*. London: Orion, 2016.

Shorter, Laurence. *The Optimist: One Man's Search for The Brighter Side of Life*. Ediburgh: Canongate, 2009.

Simpson, Peter F., Robert French, and Charles E. Harvey. "Leadership and Negative Capability." *Human Relations 55*, no. 10 (2002): 1209–26/

Singer, Jerome L. *The Inner World of Daydreaming*. New York: Harper & Row, 1975.

Slingerland, Edward. *Trying Not to Try: How to Cultivate the Paradoxical Art of Spontaneity Through the Chinese Concept of Wu-Wei*. Edinburgh: Canongate Books, 2014.

Smith, Anna Deavere. *Letters to a Young Artist: Straight-up Advice on Making a Life in the Arts-For Actors, Performers, Writers, and Artists of Every Kind*. New York: Anchor, 2006.

Smithers, Tamara. *Michelangelo in the New Millennium: Conversations About Artistic Practice, Patronage and Christianity*. Leiden: BRILL, 2016.

Snowden, David J., and Mary E. Boone. "A Leader' s Framework for Decision Making." *Harvard Business Review*. November 2007. Accessed 20 October 2017. http://bit.ly/1t1Q2ct

Solnit, Rebecca. *A Field Guide to Getting Lost*. Edinburgh: Canongate Books, 2017.

Stephen, Bijan. "In Praise of the Flaneur." *The Paris Review*. 17 October 2013. Accessed 20 October 2017. http://bit.ly/2irB5sg

Stevens, Barry. *Don' t Push the River: It Flows by Itself.* Boulder, CO: Real People Press, 1970.

Stevens, John. "Letter from Japan, Ma: Concept of Space in Japanese Culture." *Japan Society News Letter* (June 1988), New York.

Stevenson, Kylie J. "The River in a Landscape of Creative Practice: Creative River Journeys." *Landscapes: The Journal of the International Centre for Landscape and Language* 5, no. 2 (2013). Accessed 20 October 2017. http://bit.ly/2yzHLZ3

Storr, Anthony. Solitude: *A Return to the Self*. Cambridge: The Free Press, 1988.

Strenger, Carlo. *The Fear of Insignificance: Searching for Meaning in the Twentyfirst Century*. New York: Palgrave Macmillan, 2011.

Suttie, Jill. "How Smartphones Are Killing Conversation." *Greater Good Magazine*. 7 December 2015. Accessed 20 October 2017. http://bit.ly/1Y2b0YM

Syed, Matthew. *Bounce: The Myth of Talent and The Power of Practice*. London: Fourth Estate, 2011.

Talgam, Itay. *The Ignorant Maestro: How Great Leaders Inspire Unpredictable Brilliance*. London: Penguin, 2015.

Tan, Chade-Meng. *Joy on Demand: The Art of Discovering the Happiness Within*. New York: HarperOne, 2016.

Thoreau, Henry David. *The Journal of Henry David Thoreau, 1837–1861*. New York: NYRB Classics, 2009.

Thoreau, Henry David. *Walden*. N.p.: CreateSpace, 2013.

Tillich, Paul. *The Eternal Now*. New York: Scribner, 1963.

Tolle, Eckhart. *A New Earth: Create a Better Life*. London: Penguin, 2009.

Tolkien, J.R.R. *The Lord of the Rings*. Mariner Books, 2012.

Turkle, Sherry. *Reclaiming Conversation: The Power of Talk in a Digital Age*. London: Penguin, 2015.

Tversky, Amos, and Daniel Kahneman. "Loss Aversion in Riskless Choice: A Reference-Dependent Model." *The Quarterly Journal of Economics* 106, no. 4 (1991): 1039–61.

Ungunmerr-Baumann, Miriam-Rose. *Dadirri: A Reflection*. Thornleigh, NSW: Emmaus Productions, 2002.

Vanstone, W.H. *The Stature of Waiting*. New York: Morehouse Publishing, 2006.

Voronov, Maxim, and Russ Vince. "Integrating Emotions into the Analysis of Institutional Work." *Academy of Management Review* 37, no. 1 (2012): 58–81.

Vosper, Nicole. "Overcoming Burnout, Part 11: When the Clock is a Lock: Dismantling the Productivity

Paradigm." *Empty Cages Design* (n.d.). Accessed 20 October 2017. http://bit.ly/25NSiKq

Wagoner, David. *Collected Poems 1956 – 1976*. Bloomington, IN: Indiana University Press, 1978.

Watts, Alan. *Does It Matter? Essays on Man's Relation to Materiality*. Novato, CA: New World Library, 2007.

Weber, Max. *The Protestant Work Ethic and the Spirit of Capitalism* [1904]. New York: Merchant Books, 2013.

Westley, Frances, Brenda Zimmerman, and Michael Quinn Patton. *Getting to Maybe: How the World is Changed*. Toronto: Vintage, 2007.

Whyte, David. *Consolations: The Solace, Nourishment and Underlying Meaning of Everyday Words*. Langley, WA: Many Rivers Press, 2016.

Whyte, David. *Crossing the Unknown Sea: Work as a Pilgrimage of Identity*. New York: Penguin Putnam, 2002.

Whyte, David. *River Flow: New & Selected Poems*, revised edition. Langley, WA: Many Rivers Press, 2007.

Whyte, David. *The Three Marriages: Reimagining Work, Self and Relationship*. New York: Riverhead Books, 2010.

Willems, Mo. *Goldilocks and the Three Dinosaurs*. London: Walker Books, 2013.

Williams, Mark. *The Mindful Way Through Depression: Freeing Yourself from Chronic Unhappiness*. New York: Guilford Press, 2007.

Wittgenstein, Ludwig. *Tractatus Logico-Philosophicus*. Sweden: Chiron Academic Press, 2016.

Woolf, Virginia. *Mrs Dalloway*. London: Vintage Classics, 2016.

Woolf, Virginia. *The Waves*. N.p.: Waxkeep Publishing, 2014.

Woolf, Virginia. *To the Lighthouse*. N.p.: Waxkeep Publishing, 2014.

Media references

◆

Fidler, Richard. *Conversations with Richard Fidler*. "Into the Deep, Cool Blue: The Fine Line Between Life and Death While Freediving." ABC Radio. 11 July 2017. Accessed 20 October 2017. http://ab.co/2yFJuxY

Lee, Bruce. *Longstreet TV Series*. American Broadcasting Corporation, 1971.

Moore, Alan. *No Straight Lines: Making Sense of Our Non-Linear World*. Video of PINC (People, Ideas, Nature and Creativity) Conference, Netherlands, 2013. Accessed 18 October 2017. http://bit.ly/2yFJvlw

Riedelsheimer, Thomas. *Rivers and Tides*.Documentary.Mediopolis, 2002.

國家圖書館出版品預行編目（CIP）資料

不費力的力量：順勢而為的管理藝術
黛安娜．雷納（Diana Renner），
史蒂文．杜澤（Steven D' Souza）作；
林金源譯．-- 初版．-- 臺北市：遠流，2019.03
320 面；14.8×21 公分．--（綠蠹魚；YLP28）
譯自：Not Doing：the art of effortless action

ISBN 978-957-32-8462-8（平裝）
1. 組織管理 2. 職場成功法

494.2　　108000740

・綠蠹魚 YLP28

不費力的力量：順勢而為的管理藝術

・作　　者　黛安娜・雷納（Diana Renner）
　　　　　　史蒂文・杜澤（Steven D'Souza）
・譯　　者　林金源
・編輯校對　李亮瑩
・美術設計　傅士倫
・排　　版　張峻榤
・行銷企畫　沈嘉悅
・副總編輯　鄭雪如

・發行人　　王榮文
・出版發行　遠流出版事業股份有限公司
　　　　　　100 臺北市南昌路二段 81 號 6 樓
　　　　　　電話 (02)2392-6899
　　　　　　傳真 (02)2392-6658
　　　　　　郵撥 0189456-1

著作權顧問　蕭雄淋律師

2019 年 3 月 1 日 初版一刷
售價新台幣 360 元（如有缺頁或破損，請寄回更換）

ISBN 978-957-32-8462-8

遠流博識網 www.ylib.com　E-mail: ylib@ylib.com
遠流粉絲團 www.facebook.com/ylibfans